Syed Yousuf Hussain

Estudo cinético da oxidação de produtos farmacêuticos a partir de um sistema aquoso

Syed Yousuf Hussain

Estudo cinético da oxidação de produtos farmacêuticos a partir de um sistema aquoso

ScienciaScripts

Imprint
Any brand names and product names mentioned in this book are subject to trademark, brand or patent protection and are trademarks or registered trademarks of their respective holders. The use of brand names, product names, common names, trade names, product descriptions etc. even without a particular marking in this work is in no way to be construed to mean that such names may be regarded as unrestricted in respect of trademark and brand protection legislation and could thus be used by anyone.

Cover image: www.ingimage.com

This book is a translation from the original published under ISBN 978-620-7-84453-1.

Publisher:
Sciencia Scripts
is a trademark of
Dodo Books Indian Ocean Ltd. and OmniScriptum S.R.L publishing group

120 High Road, East Finchley, London, N2 9ED, United Kingdom
Str. Armeneasca 28/1, office 1, Chisinau MD-2012, Republic of Moldova, Europe
Printed at: see last page
ISBN: 978-620-8-08374-8

"Estudo cinético da oxidação de produtos farmacêuticos a partir de um sistema aquoso"

Por

Dr. Syed Yousuf Hussain

Professor Associado e Diretor, Departamento de Química, Kohinoor Arts, Commerce & Science College Khuldabad, Dist Aurangabad

<u>RECONHECIMENTO</u>

Antes de mais, louvo e agradeço a **Deus Todo-Poderoso**, sem cuja bênção, sustento, força, coragem e inspiração este trabalho nunca se teria tornado realidade.

Expresso a minha profunda gratidão e o meu grande respeito ao meu orientador de investigação, o **Dr. Sayyed Hussain Sajjansab**, Professor Associado, Departamento de Química do P.G., Sir Sayyed College, Aurangabad, pela sua abordagem filantrópica, serviço e orientação altruístas, dedicados e incomparáveis ao longo do meu trabalho de investigação.

Expresso os meus sinceros agradecimentos ao **Dr. Mazhar Khan**, Secretário da Kohinoor Education Society Aurangabad, e à **Sra. Asma Khan**, Presidente da Kohinoor Education Society Aurangabad, pelo seu constante encorajamento, por me ter permitido realizar o meu trabalho de investigação e por me ter proporcionado todas as facilidades de investigação necessárias para a realização deste trabalho.

Agradeço sinceramente ao **Dr. Sayed Zakir Ali**, Diretor do Kohinoor Arts, Commerce & Science College Khuldabad, por ter disponibilizado a biblioteca e as instalações laboratoriais necessárias.

Estou igualmente muito grato ao **Prof. Md. Tilawat Ali**, Presidente Fundador do RECWS, à **Dra. Shamama Parveen**, Presidente do RECWS, e ao **Dr. Shaikh Kabeer Ahmed**, Diretor do Sir Sayyed College Aurangabad, por terem disponibilizado as instalações de investigação necessárias e por terem encorajado a realização deste trabalho.

Os meus sinceros agradecimentos ao **Diretor Dr. Mazahar Farooqui**, Reitor da Faculdade de Ciências e Tecnologia da Universidade Dr. Babasaheb Ambedkar Marathwada, Aurangabad, cujo encorajamento e motivação me ajudaram a concluir o trabalho a tempo.

Estou muito grato ao **Professor S.T. Gaikwad** e ao **Professor Anjali Rajbhoj**, do Departamento de Química da Universidade Dr. Babasaheb Ambedkar Marathwada, Aurangabad, pelo seu encorajamento durante todo o trabalho de investigação.

O meu coração está cheio de agradecimentos ao meu pai **Syed Ahmed Hussain**, à minha mãe, **Khairunnisa Begum**, aos meus irmãos, **Syed Sattar Hussain** e **Syed Gaffar Hussain**, e à minha irmã **Hina Kauser**, que me encorajaram de todas as formas a realizar este trabalho de investigação.

Estou muito grato à minha mulher **Afroz Nikhat**, que é a verdadeira fonte de encorajamento e força e que trouxe muita felicidade à minha vida. A inspiração e o afeto das minhas filhas **Iffat Fatima**, **Aliya Fatima** e **Adiba Fatima** deram-me todo o tipo de apoio moral e emocional ao longo do meu trabalho. Estou grata à minha sogra **Rizwana Gauhar**, ao meu cunhado **Syed Mohsin** e à minha cunhada **Tanveer Afshan** pela sua inspiração.

Aproveito esta oportunidade para agradecer ao **Dr. Takale S.N.**, ao **Dr. Gulam Farooq**, ao **Dr. Mohammed Abdul Baseer**, ao **Dr. Pathan Mohammed Arif**, ao **Dr. Mohammed Mohsin** e ao **Dr. Jadhav Shivaji**, por me terem apoiado no meu trabalho de investigação.

Akat Ganesh, **Prof. Pathan Sherkhan**, **Prof. Aute Sunil**, **Dr. Nile Promod**, **Dr. Rafiullah Khan**, **Dr. Pathan T.D.**, **Dr. Patil B.U.**, **Dr. Hiwale Madhukar**, **Dr. Jite Subhash**, **Dr. Shaikh Arif** e **Dr. Mudholkar Gajanan** pelo apoio prestado durante o meu trabalho de investigação.

Gostaria de reconhecer e agradecer a todos os rostos conhecidos e desconhecidos, individualmente, pela sua contribuição direta e indireta para a conclusão bem sucedida deste trabalho.

Dr. Syed Yousuf Hussain

ÍNDICE

CAPÍTULO I

INTRODUÇÃO

CAPÍTULO I - INTRODUÇÃO
1.1 CINÉTICA QUÍMICA

A química está relacionada com a mudança. As substâncias com propriedades bem definidas são transformadas, através de reacções químicas, noutras substâncias com propriedades diferentes. Para qualquer reação química, os químicos tentam descobrir i) a viabilidade de uma reação química que pode ser prevista pela termodinâmica ii) a medida em que uma reação irá prosseguir pode ser determinada a partir do equilíbrio químico iii) a velocidade de uma reação, ou seja, o tempo necessário para que uma reação atinja o equilíbrio. Juntamente com a viabilidade e a extensão, é igualmente importante conhecer a taxa e os factores que controlam a taxa de uma reação química para a sua completa compreensão. Tudo isto é estudado no ramo da química que se ocupa do estudo das velocidades de reação e dos seus mecanismos, denominado cinética. A palavra cinética deriva da palavra grega "kinesis" que significa movimento. A termodinâmica fala apenas da viabilidade de uma reação, enquanto a cinética química fala da velocidade de uma reação.

É um estudo não só da rapidez com que os reagentes são convertidos em produtos, mas também da sequência de todos os processos físicos e químicos que ocorrem durante as reacções. [1-4]. O químico aplicado utiliza este conhecimento para conceber novas e melhores formas de realizar as reacções químicas desejadas. Isto pode envolver a melhoria do rendimento dos produtos desejados ou o desenvolvimento de um melhor catalisador. O engenheiro químico utiliza a cinética para a conceção de reactores em reacções químicas ou engenharia de processos. Um objetivo legítimo da cinética química é permitir-nos prever a velocidade a que determinadas substâncias químicas reagem e controlar essa velocidade de uma forma desejável; em alternativa, é permitir-nos "adaptar" as reacções químicas para produzir substâncias com caraterísticas químicas desejáveis de uma forma controlável. Os cálculos de mecânica quântica fornecem teoricamente as ferramentas para tais previsões.

No processo de reação química, as moléculas aproximam-se, os átomos mudam de posição, ocorre a transferência de electrões e, como resultado, formam-se novos compostos. Uma sequência de passos através dos quais a reação ocorre é conhecida como "mecanismo de reação". O mecanismo da reação dá uma imagem detalhada do complexo ativado [5-11].

A primeira abordagem quantitativa em cinética química foi feita com o nascimento da cinética química em 1850, por L. F. Wilhelmy que estudou a taxa de inversão da sacarose [12]. Ele estudou a inversão da sacarose e investigou a influência de sua concentração proporcional à taxa. Verificou que a taxa de reação em qualquer instante era proporcional à concentração de sacarose remanescente nesse momento. A cinética tem também uma abordagem específica das reacções químicas. Estuda a transformação química como um processo que ocorre no tempo de acordo com um determinado mecanismo com regularidades e caraterísticas desse processo. Esta definição precisa de ser revista. A cinética, mais precisamente, é o estudo do seguinte ponto.

i) A reação como um processo que ocorre no tempo, a sua taxa, uma mudança na taxa com o desenvolvimento do processo, a inter-relação da taxa de reação e a concentração dos reagentes, tudo isto é caracterizado por parâmetros cinéticos.

ii) A influência das condições de reação, tais como a temperatura, a fase, o estado dos reagentes, a pressão e o meio, isto é, o solvente, a presença de iões neutros, etc., na taxa e noutros parâmetros cinéticos da reação. O resultado final destes estudos são as correlações empíricas quantitativas entre as caraterísticas cinéticas e as condições de reação.

iii) A cinética estuda os métodos de controlo do processo químico utilizando catalisadores, iniciadores, promotores e inibidores. O tema da cinética química abrange uma vasta gama de reacções orgânicas e inorgânicas. Inclui estudos empíricos dos efeitos da concentração dos reagentes, do meio, da força iónica e da temperatura nas reacções; estes estudos podem ser de valor prático em relação a processos técnicos. O interesse fundamental dos estudos cinéticos das reacções químicas é chegar a um mecanismo de reação provável.

iv) A cinética tende a abrir o mecanismo do processo químico, a revelar a) os passos elementares em que consiste b) os compostos intermédios formados nele c) as vias através das quais os reagentes se transformam em produtos d) os factores responsáveis pela composição dos produtos. No resultado do estudo cinético, foi necessário compor o esquema do mecanismo do processo, analisá-lo e compará-lo com os dados experimentais, estabelecer novas experiências de teste e, se necessário, o esquema e repetir a verificação. Várias reacções elementares de formação e transformação de espécies activas, iões radicais, complexos moleculares, etc., participam em muitos processos químicos complexos.

v) Uma tarefa importante da cinética é o estudo e a descrição de reacções elementares que envolvem espécies quimicamente activas. Os actos elementares de transformação química são diversos e podem ser descritos teoricamente com a ajuda da mecânica quântica e da estatística matemática.

vi) A cinética química estuda a relação entre as estruturas das partículas reagentes e a sua reatividade. Na maioria dos casos, a transformação química é prevista por processos físicos de ativação das partículas reagentes. Estes processos acompanham frequentemente os processos químicos e manifestam-se, sob certas condições, resultando na perturbação da distribuição de energia das partículas em equilíbrio. Estes processos são o objeto da cinética de não-equilíbrio.

vii) A macro-cinética estuda estes processos complexos utilizando métodos matemáticos para a sua análise e descrição. Assim, o tema da cinética química é o estudo abrangente da reação química, as regularidades da sua ocorrência no tempo, a dependência das condições, o mecanismo, a relação entre as caraterísticas cinéticas com a estrutura dos reagentes, a energia do processo e o comportamento físico da ativação das partículas. Uma vez que a cinética estuda a reação como um processo, possui uma metodologia específica, um corpo de conceitos teóricos e métodos experimentais, que permitem o estudo e análise da reação química como um processo evolutivo que se desenvolve ao longo do tempo. A cinética experimental possui vários métodos para realizar a reação e controlá-la no tempo. Os métodos cinéticos para o estudo de reacções rápidas, ou seja, a técnica de fluxo parado e a fotólise flash, foram desenvolvidos nos últimos anos, juntamente com procedimentos e métodos para a geração e estudo de compostos intermédios activos, átomos e radicais livres, iões lábeis e complexos. Foram inventados os métodos de perturbação da reação química durante o seu decurso. A simulação matemática e as técnicas informáticas modernas são amplamente utilizadas para a descrição teórica da reação como um processo.

Taxa de reação:

A taxa é definida como a variação da concentração por unidade de tempo. A taxa de reação é a velocidade da reação. A velocidade de reação é expressa em termos da diminuição da concentração dos reagentes com o tempo ou do aumento da concentração do produto com o tempo. No entanto, a velocidade de reação nem sempre é proporcional à concentração de todos os reagentes. Dependendo da natureza das substâncias que reagem, a velocidade de reação pode ser derivada.

Quando a velocidade da reação depende da concentração de apenas um reagente

$$\text{Taxa} = \frac{d[A]}{dt} = k\,[A] \text{ em que k é a constante de velocidade.}$$

Quando a velocidade da reação depende da concentração de dois reagentes,

$$\text{Taxa} = \frac{d[A][B]}{dt} = k\,[A]\,[B] \text{ ou Taxa} = k\,[A]^2$$

No caso de uma reação reversível, a velocidade pode ser dada como

$$A \leftrightharpoons B$$

$$\text{Taxa} = \frac{d[A]}{dt} = k_1\,[A] - k_{-1}\,[B]$$

Mas no equilíbrio, não há alteração líquida na concentração de [A] com o tempo. Por conseguinte, a velocidade da reação será

$K_1 = [A] = K_{-1}\,[B]$ e, por conseguinte

$$k = \frac{K1\,[A]}{K-1\,[B]}$$

Ao ter em conta os dados cinéticos globais, é possível explicar a lei da velocidade. A forma como a velocidade de reação varia com a concentração do reagente é designada por lei da velocidade, o que ajuda a compreender o efeito do substituinte na velocidade de reação [13-22].

1.2 ORDEM DE REACÇÃO

As reacções químicas podem ser classificadas com base na molecularidade e na ordem de reação. A molecularidade é definida como o número de moléculas que são alteradas numa reação, por exemplo, A→P é uma reação unimolecular ou monomolecular e uma reação A + B → P é uma reação bimolecular. Da mesma forma, A + B + C → P seria trimolecular ou termolecular.

Em alternativa, é possível classificar uma reação de acordo com a sua ordem. A ordem de uma reação é o número de termos de concentração que devem ser multiplicados para obter uma expressão para a velocidade da reação. Assim, numa reação de primeira ordem, a velocidade é proporcional a uma concentração; numa reação de segunda ordem, é proporcional ao produto de duas concentrações ou ao quadrado de uma concentração; e assim por diante. Para uma reação simples que consiste numa única etapa, ou para cada etapa de uma reação complexa, a ordem é normalmente a mesma que a molecularidade. No entanto, muitas reacções consistem em sequências de etapas unimoleculares e bimoleculares, e a molecularidade da reação completa não tem de ser a mesma que a sua ordem. De facto, uma reação complexa não tem muitas vezes uma ordem significativa, uma vez que a velocidade global não pode ser expressa como um produto de termos de concentração.

Cinética de primeira ordem:

A velocidade v de uma reação de primeira ordem $A \rightarrow P$ pode ser expressa como

$$v = \frac{dp}{dt} = -\frac{da}{dt} \quad ka = k(a_0 - p) \; (1)$$

em que a e p são as concentrações de A e P, respetivamente, em qualquer momento t, k é a constante de velocidade de primeira ordem e a_0 é uma constante. Os dois primeiros sinais de igualdade na equação representam definições alternativas da taxa v: uma vez que cada molécula de A que é consumida se transforma numa molécula de P, não faz diferença para a matemática se a taxa é definida em termos do aparecimento do produto ou do desaparecimento do reagente. No entanto, pode fazer diferença em termos experimentais, porque as experiências não são feitas com uma precisão perfeita e, nas fases iniciais de uma reação, as alterações relativas em p são muito maiores do que as da Figura 1.

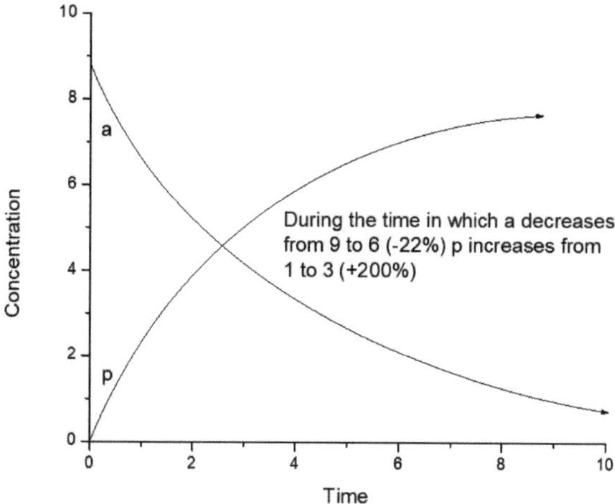

Fig: 1 **Relative changes in concentration**

Por esta razão, será geralmente mais exato medir o aumento de p do que a diminuição de a. O terceiro sinal de igualdade na equação especifica que se trata de uma reação de primeira ordem, porque afirma que a taxa é proporcional à concentração do reagente A. Finalmente, o tempo zero é definido de tal forma que A e p =0 quando t = 0, a estequiometria permite que os valores de a e p em qualquer momento sejam relacionados de acordo com a equação

a + p = a_0, permitindo assim a última igualdade da equação [23].

A equação (1) pode ser facilmente integrada separando as duas variáveis p e t, trazendo todos os termos em p para o lado esquerdo e todos os termos em t para o lado direito:

$$\int \frac{dp}{a0-p} = \int kdt$$

portanto,

$$-\ln (a_0 - p) = kt + \alpha$$

em que α, a constante de integração, pode ser avaliada observando que não há produto no início da reação, pelo que p = 0 quando t = 0. Então α = -ln(a_0), e assim

$$ln \frac{a0-p}{a0} = -kt$$

Tomando exponenciais de ambos os lados, temos

$$\frac{a0-p}{a0} = e^{-kt}$$

Que pode ser rearranjado para dar

$$p = a_0 (1 - e)^{-kt}$$

Cinética de segunda ordem:

O tipo mais comum de reação bimolecular é o da forma
$A + B \rightarrow P + Q$ em que dois tipos diferentes de moléculas A e B reagem para dar produtos. Neste exemplo, é provável que a taxa seja dada por uma expressão de segunda ordem da forma

$$v = \frac{dp}{dt} = kab = k(a_0 - p)(b_0 - p)$$

em que k é agora uma constante de taxa de segunda ordem. Por integração, obtemos

$$\int \frac{dp}{(a0 - p)(b0 - p)} = \int kdt$$

$$\int \frac{dp}{a0 - p} - \int \frac{dp}{b0 - p} = \int (b_0 - a_0)kdt$$

Daí que

$$-\ln(a_0 - p) + \ln(b_0 - p) = (b_0 - a_0)kt + \alpha$$

Colocando p=0 quando t=0, encontramos $\alpha = \ln(b /a_{00})$ e assim

$$\frac{a0(b0-p)}{b0(a0-p)} = (b_0 - a_0)kt \text{ ou}$$

$$\frac{a0(b0-p)}{b0(a0-p)} = e^{(b0 - a0)kt}$$

Cinética de terceira ordem:

Uma reação trimolecular, tal como $A + B + C = P + \ldots$, não consiste normalmente numa única etapa trimolecular envolvendo uma colisão de três corpos, o que seria inerentemente improvável; consequentemente, não é normalmente de terceira ordem. Em vez disso, é provável que consista em duas ou mais etapas elementares, tais como $A + B \leftrightarrows X$ seguido de $X + C \rightarrow P$. Em algumas reacções, o comportamento cinético como um todo é largamente determinado pela constante de velocidade da etapa com a menor constante de velocidade, assim conhecida como etapa limitadora de velocidade ou etapa determinante de velocidade. Quando não existe uma etapa limitadora de velocidade claramente definida, a equação de velocidade é tipicamente complexa, sem ordem integral. No entanto, algumas reacções trimoleculares apresentam uma cinética de terceira ordem, com $v = kabc$, em que k é agora uma colisão de terceiro corpo para ter em conta a cinética de terceira ordem. Em vez disso, podemos assumir um mecanismo de duas etapas, como anteriormente, mas com a primeira etapa rapidamente reversível, de modo que a concentração de X é dada por $x = Kab$, onde K é a constante de equilíbrio para a ligação de A a B, a constante de associação de X. A taxa de reação é então a taxa da segunda etapa lenta.

v = k'xc = k'Kabc onde k' é a constante de velocidade de segunda ordem para a segunda etapa. Assim, a constante de velocidade de terceira ordem observada é o produto de uma constante de velocidade de segunda ordem e de uma constante de equilíbrio.

Cinética de ordem zero:

Observa-se que algumas reacções são de ordem zero, com uma taxa constante, independente da concentração do reagente. Se uma reação tiver ordem zero em relação a apenas um reagente, isso pode significar simplesmente que o reagente entra na reação após a etapa limitadora da velocidade. No entanto, algumas reacções têm ordem zero em geral, o que significa que são independentes de todas as concentrações de reagentes. Estas reacções são invariavelmente catalisadas e ocorrem quando todos os reagentes estão presentes em excesso tal que o potencial total do catalisador é realizado. As reacções catalisadas por enzimas aproximam-se normalmente da cinética de ordem zero a concentrações muito elevadas de reagentes.

1.3 FACTORES QUE AFECTAM A VELOCIDADE DE REACÇÃO

i)   Efeito da concentração na velocidade da reação:

De acordo com a lei da ação das massas, a velocidade da reação é diretamente proporcional à concentração molar, ou seja, à massa ativa do reagente. A velocidade de reação varia com o tempo, porque a concentração do reagente diminui com o passar do tempo. Assim, a velocidade de reação é máxima no início da reação e diminui com o passar do tempo.

Em geral, se a velocidade de reação for proporcional à potência x^{th} da concentração do reagente A e à potência y^{th} da concentração do reagente B, etc. A lei da velocidade é dada pela expressão.

$$\frac{-dA}{dt} = k[A]^x [B]^y$$

Em que k é a constante de proporcionalidade designada por constante de velocidade.

ii)   Efeito do solvente:

O solvente está geralmente presente numa quantidade tão grande que não se espera que a sua concentração se altere durante a reação, pelo que a velocidade de reação permanecerá a mesma. No entanto, em alguns casos, o solvente desempenha um papel importante na extensão de um efeito químico sobre a velocidade da reação [24].

Explicar o efeito da polaridade do solvente na velocidade da reação química entre duas moléculas neutras que formam um complexo ativado. O efeito do solvente devido à solvatação na velocidade da reação foi referido por Tomila e colaboradores [25]. O papel da constante dieléctrica do solvente é importante nas reacções químicas que envolvem a força de atração eletrostática entre as moléculas do soluto e do solvente, como explicado por Amis [26]. Para explicar o efeito do solvente (D) na velocidade de reação entre dois iões com valência Z_A e Z_B .

$$\ln k = \ln k_0 = \frac{Z_A\,Z_B\,e2}{DKTr}$$

em que k_0 é a constante de velocidade específica no meio hipotético com uma constante dieléctrica indefinida. Esta equação mostra que a ligação de uma reação iónica varia inversamente com a constante dieléctrica do solvente.

iii)   Efeito do catalisador:

A velocidade de certas reacções pode ser alterada devido à presença de uma determinada substância, denominada catalisador, no sistema reacional. Um catalisador aumenta ou retarda a velocidade de reação sem que ele próprio seja utilizado numa reação química. Se o catalisador for consumido numa etapa do mecanismo, é gerado noutra etapa. A via de uma reação catalisada tem uma energia de ativação mais baixa do que a de uma reação não catalítica. Embora existam diferentes tipos de catalisadores, as seguintes caraterísticas são comuns à maioria deles.

a) A massa e a composição química do catalisador permanecem inalteradas no final da reação. O catalisador pode sofrer uma alteração física.

b) A ação de um catalisador é específica. O catalisador de uma reação pode não funcionar como catalisador de outra reação.

c) Uma pequena quantidade de catalisador é suficiente para produzir uma reação ilimitada.

d) A atividade catalítica é máxima a uma determinada temperatura, designada por temperatura óptima.

e) Um catalisador não altera a posição final de equilíbrio, mas minimiza o tempo necessário para atingir o equilíbrio.

f) Um catalisador pode ser facilmente separado.

iv)   Efeito do sal:

O efeito da adição de sais na velocidade das reacções químicas em solução tem sido utilizado como uma das técnicas importantes para elucidar o mecanismo de reação. Devido à interação eletrostática, a cinética das reacções iónicas difere da das reacções entre não electrólitos. No caso das reacções iónicas, a influência da concentração do eletrólito nos coeficientes de atividade dos iões reagentes e no estado de transição foi explicada por Bronsted [27], Bjerrum [28] e Christiansen [29]. Enquanto que as alterações reais na concentração dos iões reagentes resultantes da adição de electrólitos foram explicadas por Lamer [30], ambos os tipos de efeitos são importantes na catálise iónica em solução.

v)   Efeito da temperatura:

A velocidade da reação é muito sensível à temperatura. A velocidade de reação aumenta com a temperatura. A velocidade de reação lenta a temperaturas normais pode tornar-se apreciável ou mesmo explosiva a temperaturas elevadas. Em reacções homogéneas, a velocidade de reação duplica por cada 10^0 C de aumento de temperatura. J.J. Hood [31] investigou com sucesso o aumento da reação com o aumento da temperatura. Em 1884, o químico holandês J. H. Van't Hoff propôs uma equação que descreve a dependência da temperatura da velocidade de uma reação química. Quatro anos mais tarde, Svante Arrhenius [32] forneceu uma justificação e interpretação físicas para a equação de Van't Hoff.

Arrhenius defendia que, para que os reagentes fossem convertidos em produtos, era necessário que adquirissem energia suficiente para formar um complexo ativado. À energia mínima necessária chamou energia de ativação Ea para a reação. Em equilíbrio térmico a uma temperatura absoluta T, a fração de moléculas que têm uma energia cinética superior a Ea pode ser calculada a partir da distribuição de Maxwell-Boltzmann da mecânica estatística e revela-se proporcional a $e^{-Ea/RT}$, em que Ea é medida em unidades molares, ou seja, Joules por mole e R é a constante dos gases. Isto resulta na equação de Arrhenius para a constante de velocidade de reação k;

$$k = A\, e^{-Ea/RT}$$

em que A é o fator de frequência

Ea é a energia de ativação

R é a constante universal dos gases

Pode verificar-se que o aumento da temperatura ou a diminuição da energia de ativação aumentam a velocidade da reação.

vi)   Parâmetros de ativação e termodinâmicos:

Os parâmetros termodinâmicos, como a energia de ativação Ea, o fator de energia livre A, a variação de energia livre ΔG, a variação de entropia ΔS e a variação de entalpia ΔH, estão relacionados com a velocidade da reação, pelo que as suas magnitudes fornecem informações para sugerir o mecanismo. A dependência do número de reacções em relação à temperatura pode ser descrita pela expressão,

$$K = A \cdot e^{-Ea/RT} \qquad (1)$$

Se traçarmos um gráfico de log k vs 1/T, obtemos uma linha reta com um declive negativo = Ea/2,303R, e a interceção no eixo y dá um log de A. A partir desta energia de ativação, Ea pode ser determinada pela equação de Arrhenius.

$$Ea = \text{declive} \times 2{,}303 \ R \ cal \ mol^{-1} \qquad (2)$$

Tomando o logaritmo natural da equação acima (1), obtém-se

$$\log A = \log k + \frac{Ea}{2.303RT} \qquad (3)$$

A energia de ativação pode ser calculada através da equação

$$\log \frac{k1}{k2} = \frac{Ea}{2.303RT} \left(\frac{T1-T2}{T1T2}\right) \qquad (4)$$

De acordo com a teoria das velocidades de reação absolutas, a expressão relativa à constante de velocidade k e à energia livre de ativação ΔG pode ser escrita como

$$K = \frac{kT}{h} \ e^{-\Delta G/RT} \qquad (5)$$

ΔG pode ser calculado por rearranjo da equação

$$\Delta G = 2{,}303 \ RT \log \frac{RT}{Nhk} \qquad (6)$$

Onde R é a constante dos gases, h é a constante de Planck, N o número de Avogadro e T é a temperatura. A entropia de ativação e a entalpia de ativação foram calculadas utilizando as equações,

$$\Delta H = Ea - RT \qquad (7)$$

$$\Delta s = \frac{\Delta H - \Delta G}{T} \qquad (8)$$

A entropia é a medida da aleatoriedade de um sistema. Diz-se que a reação é normal se $\Delta S = 0$ ou se a velocidade da reação depende do valor positivo ou negativo de ΔS.

vii) Efeito dos radicais livres na velocidade de reação:

A existência de radicais livres transitórios pode ser estabelecida capturando-os com reagentes como o acetato de alilo, o acrilonitrilo, o álcool de alilo e a amida de acrilo, que actuam como excelentes eliminadores de radicais livres.

Os radicais livres são um dos intermediários mais importantes entre os vários tipos de intermediários. A formação de radicais catiões [33] e de radicais aniões [34] foi descrita em diferentes reacções.

1.4 INTRODUÇÃO AO PRESENTE TRABALHO

São utilizados diferentes produtos farmacêuticos para tratar várias doenças. Os produtos farmacêuticos salvam vidas, melhoram a qualidade de vida das pessoas e ajudam na prevenção de doenças. A maior parte das doenças e epidemias actuais podem ser controladas através da utilização de produtos farmacêuticos. Estes medicamentos são classificados como medicamentos sujeitos a receita médica e medicamentos de venda livre. Os medicamentos sujeitos a receita médica só podem ser adquiridos nas farmácias mediante receita médica passada por um médico ou por um prestador de cuidados de saúde. Os medicamentos de venda livre estão disponíveis sem receita médica [35].

Nos últimos anos, os produtos farmacêuticos têm sido considerados um problema ambiental emergente devido à sua entrada contínua e à sua persistência no ecossistema aquático, mesmo em concentrações baixas. Para reduzir as concentrações destes fármacos no ecossistema, estes devem ser convertidos em compostos orgânicos e inorgânicos simples que possam ser facilmente separados do ecossistema [36]. Tendo em conta este facto, a presente investigação foi realizada com alguns dos produtos farmacêuticos. O estudo cinético da oxidação de produtos farmacêuticos permite que estes sejam facilmente removidos do ecossistema.

Dicromato de potássio

Informações importantes:

Fórmula molecular: $K_2\,Cr\,O_{27}$

Peso molecular: 294,182 g/mol

Aspeto físico: Sólido com cristais laranja-avermelhados

Odor: Inodoro

Sabor: Amargo, sabor metálico

Ponto de fusão: 398 C°

Ponto de ebulição: 500 C°

Solubilidade: 10 a 50 mg/ml

Densidade: 2,7 g/cm^3

Estrutura:

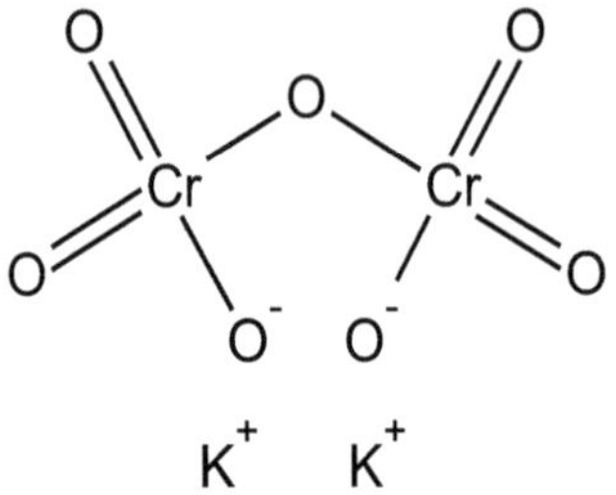

Numa solução aquosa, os aniões dicromato e cromato estão em equilíbrio químico

$$Cr\ O_{27}^{-2} + H_2O \leftrightarrows 2HCrO_4$$

Na natureza, o crómio existe principalmente nas formas Cr (VI) e Cr (III), que diferem muito nas suas propriedades físico-químicas e actividades biológicas. O Cr (VI) é altamente solúvel em água, enquanto o Cr (III) como hidróxido é insolúvel. Do mesmo modo, o Cr (VI) é considerado altamente tóxico, enquanto o Cr (III) é um nutriente essencial e é utilizado como suplemento alimentar [37]. Os compostos de Cr (VI) são agentes oxidantes muito poderosos e amplamente utilizados para vários grupos funcionais [38].

O crómio e os iões permanganato, sob várias formas, são utilizados como potentes agentes oxidantes na oxidação orgânica e inorgânica em meios polares [39]. O crómio tem sido frequente e extensivamente utilizado como agente oxidante, tanto em métodos preparativos como analíticos em química. O ácido crómico, o dicromato aquoso, o cloreto de cromilo, o acetato de cromilo e outros cromatos substituídos têm sido utilizados na oxidação de compostos orgânicos e inorgânicos em meios aquosos ácidos e alcalinos [40-44]. Esta é a razão pela qual os químicos analíticos em geral e os cinetistas em particular são atraídos para saber mais sobre a química tão interessante deste reagente. A sua aplicação mais comum é a oxidação selectiva de álcoois primários e secundários em aldeídos e cetonas [45-46]. Os compostos de crómio têm sido amplamente utilizados em meios aquosos e não aquosos para a oxidação de uma variedade de compostos orgânicos [47-57]. Os compostos de crómio, especialmente os reagentes de Cr (VI), provaram ser reagentes versáteis capazes de oxidar quase todos os grupos funcionais orgânicos oxidáveis [58-63].

1.5 ESTUDO DA LITERATURA

Mohammed Hassan, et al (2011) estudaram a cinética de oxidação de álcoois alifáticos por dicromato de potássio em meios aquosos e micelares e concluíram que a reação era de primeira ordem tanto para o álcool como para o oxidante. Verificou-se que a cinética de pseudo-primeira ordem é perfeitamente aplicável ao etanol, 1-propanol e 2-propanol, enquanto se observou um desvio nas fases intermédias da reação com o metanol. Verificou-se que as constantes de velocidade de pseudo-primeira ordem são independentes da concentração do oxidante [64]. P. Rajendran, et al (2016) estudaram a cinética de oxidação da ciclohexanona por dicromato de potássio em meio aquoso de ácido acético. A reação mostrou cinética de primeira ordem com a concentração de substrato e oxidante [65].

D. R. Doshi et al (1999) estudaram a cinética da oxidação do acetato de etilo pelo dicromato de potássio, tendo-se verificado que a velocidade de reação em relação ao substrato e ao oxidante é de primeira ordem [66]. Paul Chirita (2001) investigou a cinética da oxidação de pirite aquosa por dicromato de potássio. Os resultados revelaram que a reação é de ordem fraccionada em relação à concentração de dicromato de potássio. Além disso, revela que a taxa de oxidação é a mesma para vários espécimes diferentes de pirite que têm diferentes teores de elementos vestigiais [67].

A oxidação catalítica micelar do ácido ascórbico por dicromato de potássio foi investigada por Hartani K. A. (2014). A reação seguiu uma cinética de primeira ordem em relação ao substrato e à concentração de dicromato e foi independente de valores de pH inferiores a pH = 6 e superiores a pH = 9 [68]. K. Bijudas (2006) investigou a cinética e o mecanismo da oxidação selectiva de álcoois benzílicos por dicromato acidificado em meio aquoso de ácido acético. A reação mostrou uma dependência de primeira ordem tanto do [substrato] como do [oxidante]. Verificou-se que a reação era catalisada por ácido e apresentava uma dependência fraccionada de [ácido] [69].

M. M. Antonijevic et al (1993) investigaram a cinética da oxidação da pirite pelo dicromato de potássio. Os resultados revelaram que a concentração do ião dicromato não teve qualquer efeito sobre a taxa de dissolução da calcopirite em relação ao ácido sulfúrico, na ordem de 0,80 a 0,92 [70]. K.B. Wiberg e T. Mill (1957) investigaram a cinética da oxidação do benzaldeído pelo ácido crómico e concluíram que a reação é de primeira ordem em relação à concentração de benzaldeído e ácido crómico [71].

Subbiah Meenakshisundaram e Rajagopal Vinothini (2003) examinaram a cinética e o mecanismo de oxidação da metionina pelo crómio (VI) e verificaram que a reação apresenta uma dependência de primeira ordem da concentração de crómio (VI) e uma dependência de Michaelis-Menten da concentração de metionina [72]. T.D. Radhakrishnan Nair e M. Zuhara (2008) investigaram estudos cinéticos sobre a oxidação de 1-fenil etanol e seus derivados para-substituídos por dicromato de potássio em meio aquoso de ácido acético. Os resultados revelam que a velocidade da reação é de primeira ordem em relação ao [substrato] e ao [oxidante]. A velocidade aumenta com o aumento da percentagem de ácido acético e [ácido sulfúrico] [73].

Masooda Qadri, Shazia Nisar e Nasreen Fatima (2015) estudaram a fotocinética da oxidação do azul de coomassie brilhante pelo dicromato de potássio num meio ácido. Verificou-se que a ordem da reação em relação ao substrato é de primeira ordem, em relação ao oxidante é de primeira ordem, e em relação ao ácido clorídrico, verificou-se que segue a cinética de segunda ordem [74]. T.N. Padmini, M. Manju e B.C. Sateesh investigaram estudos cinéticos sobre a oxidação do 5-carboxilato de etil-2-(metiltio) pirimidina por dicromato de potássio em meio aquoso de ácido perclórico. A reação mostra uma dependência de primeira ordem tanto no etil-2-(metiltio) pirimidina 5-carboxilato como no dicromato de potássio e uma dependência de ordem fraccionada no ácido perclórico [75].

Rama Parmar e Sachin Bhatt estudaram a cinética e o mecanismo de oxidação de alguns a-aminoácidos pelo ácido crómico na presença de ácidos acéticos cloro-substituídos. Os resultados revelaram que a velocidade da reação apresentava uma dependência de primeira ordem em relação ao substrato e ao oxidante e uma dependência inversa de primeira ordem em relação ao ácido [76]. Shanu Mathur, M. B. Yadav e Vijay Devra investigaram o estudo cinético da oxidação da lisina pelo crómio (VI) num meio de perclorato ácido. A reação foi de primeira ordem em relação ao oxidante e de ordem inferior à unidade em relação ao substrato [77].

Produtos farmacêuticos:

[th]Desde meados do século XIX, os produtos farmacêuticos passaram da periferia para o centro dos cuidados de saúde. No decurso dessa transição, um novo sector industrial expandiu-se para um âmbito global, o campo da química medicinal

atingiu a sua atual proeminência e os governos adoptaram o duplo papel de apoiar a investigação fundamental e de regulamentar a segurança e a eficácia dos medicamentos. Para os doentes, os medicamentos assumiram novos papéis e valores médicos. Especialmente nos últimos anos, tornou-se comum as pessoas tomarem medicamentos durante anos, ou mesmo décadas, para reduzir os riscos de doença e aumentar o tempo de vida. Combinados com iniciativas de saúde pública, os novos produtos farmacêuticos contribuíram significativamente para uma melhor qualidade de vida e ajudaram a aumentar a esperança de vida humana.

[th]O terço médio do século XX assistiu a um florescimento da invenção farmacêutica, com avanços no desenvolvimento de vitaminas sintéticas, sulfonamidas, antibióticos, hormonas como a tiroxina, oxitocina, corticosteróides, psicotrópicos, anti-histamínicos e novas vacinas. Vários destes constituíam classes de medicamentos inteiramente novas. As mortes na infância foram reduzidas para metade, enquanto as mortes maternas causadas por infecções durante o parto diminuíram em mais de 90%. Doenças como a tuberculose, a difteria e a pneumonia puderam ser tratadas e curadas pela primeira vez na história da humanidade [78].

Os resíduos de princípios activos farmacêuticos (API), frequentemente acompanhados por uma gama complexa de produtos metabólicos, podem entrar no ambiente a partir das contribuições colectivas de inúmeras fontes espalhadas pela sociedade. Emanam principalmente através da excreção, da eliminação em banhos e do fabrico. Para o desenvolvimento de abordagens sustentáveis para reduzir a entrada de IFAs no ambiente, é fundamental uma compreensão abrangente das suas fontes e origens. Isto pode revelar quais os IFAs específicos que entram no ambiente, em que quantidades, e onde, porquê e como entram. A compreensão das fontes e origens dos APIs permite avaliar como as fontes podem ser evitadas ou minimizadas e como as conexões entre as fontes e o ambiente podem ser reduzidas. Uma melhor compreensão pode também servir de filtro inicial para selecionar os API que devem ser alvo de monitorização ambiental [79].

Devido à crescente contaminação do ambiente natural por uma variedade de compostos químicos antropogénicos, que são introduzidos no ambiente em volumes que atingem centenas de milhões de toneladas por ano, é evidente que é necessário proceder à avaliação dos riscos e à definição de prioridades. Para a maioria destes compostos, os efeitos agudos e, sobretudo, os efeitos crónicos a longo prazo, tanto na saúde humana como nos ecossistemas, são ainda desconhecidos. No que respeita às avaliações dos riscos ambientais, os dados de toxicidade aguda combinados com uma medida da concentração ambiental prevista são os instrumentos mais comuns para a estimativa dos riscos. Devido à sua atividade biológica intrínseca e à sua presença em todo o mundo em ambientes naturais, os compostos farmacêuticos são um dos compostos químicos que têm merecido muita atenção da comunidade científica nos últimos anos. Além disso, os seus efeitos adversos no ecossistema já foram comprovados, principalmente em termos de desregulação endócrina. No entanto, para a maioria dos produtos farmacêuticos, são necessários mais dados sobre as suas propriedades e efeitos [80].

Os compostos farmacêuticos são um dos principais grupos de contaminantes emergentes que são normalmente encontrados e visados em vários compartimentos ambientais. A água é um dos principais actores quando se trata da deteção de concentrações significativas destes compostos. Depois de os produtos farmacêuticos serem libertados no ambiente, entram imediatamente nos sistemas aquáticos através de efluentes de águas residuais, escoamento de sistemas sépticos, etc., e podem potencialmente entrar nas águas subterrâneas e nas fontes de água potável. Por esta razão, é importante monitorizar regularmente estes contaminantes emergentes e compreender o seu transporte e destino no ambiente aquático. O desafio analítico da medição de contaminantes emergentes no ambiente tem sido um dos principais objectivos de investigação dos cientistas nos últimos 20 anos. Normalmente, os métodos multirresíduos bem estabelecidos, como o LC/MS-MS, destinam-se a detetar compostos-alvo, que na sua maioria abrangem várias famílias de compostos na água, através da obtenção rotineira de massa com precisão ao nível de 2 ppm. Isto permite obter a composição elementar não só dos compostos-alvo, mas também dos seus compostos relacionados, tais como metabolitos ou produtos de transformação [81].

Muitos relatórios científicos demonstraram que a eliminação de produtos farmacêuticos nas estações de tratamento de águas residuais urbanas é frequentemente incompleta, pelo que se tornou evidente que a aplicação de tecnologias mais avançadas pode ser crucial para o cumprimento dos requisitos de qualidade para a eliminação de águas residuais municipais. Entre as tecnologias avançadas que podem ser utilizadas para remover estes poluentes, os processos de oxidação avançada são as tecnologias mais frequentemente utilizadas e que se revelaram eficientes na remoção de concentrações vestigiais de produtos farmacêuticos [82].

Para remover os produtos farmacêuticos do ambiente, foi estudada a oxidação destes compostos com dicromato de potássio.

Dicromato de potássio:

O dicromato de potássio é um produto químico inorgânico tóxico e de cor viva. A fórmula química do dicromato de potássio é $K_2 Cr O_{27}$ e a sua massa molar é 294,185 gm mol^{-1} . Trata-se de um composto iónico com dois iões de potássio (K^+) e o ião dicromato com carga negativa ($Cr O_{27}^{-2}$), no qual dois átomos de crómio hexavalente (com estado de oxidação +6) estão ligados a três átomos de oxigénio e a um átomo de oxigénio de ligação.

$$K^+ \quad K^+$$

O dicromato de potássio é um sólido cristalino vermelho-alaranjado brilhante com uma densidade de 2,676 g/ml, ponto de fusão de 398° C e ponto de ebulição de 500 ° C, quando se decompõe. É inodoro e altamente solúvel em água. Ioniza-se facilmente em água, formando iões cromato ($Cr O_{24}^{2-}$) e dicromato ($Cr O_{27}^{2-}$) em equilíbrio. É um agente oxidante moderado, muito utilizado em química orgânica. É um sólido estável em condições normais, mas decompõe-se por aquecimento para dar cromato de potássio ($K_2 CrO_4$) e anidrido crómico (CrO_3) com a evolução do oxigénio.

Na presente investigação, foram selecionados para estudo diferentes produtos farmacêuticos, por exemplo, Pregabalina, Domperidona, Rasagilina, Quetiapina, Voglibose e Cloridrato de Cetrizina.

Pregabalina:

A pregabalina é utilizada para tratar a epilepsia, a dor neuropática, a fibromialgia e os distúrbios de ansiedade. É um anticonvulsivo GABAérgico e depressor do sistema nervoso central. A epilepsia é um grupo de doenças neurológicas caracterizadas por crises epilépticas. A pregabalina é um importante fármaco anti-epilético. Quimicamente, é o ácido (S)-3-(aminometil)-5-metil hexanóico. Liga-se com elevada afinidade ao sítio alfa 2-delta nos tecidos do sistema nervoso central. É um potente medicamento anti-epilético, também designado anticonvulsivo. Actua abrandando os impulsos no cérebro que causam as convulsões. É também utilizada para tratar a dor causada por lesões nervosas em pessoas com diabetes e a dor neuropática associada a lesões da espinal medula [83]. Uma pesquisa bibliográfica indica que ninguém estudou a cinética da oxidação da pregabalina com dicromato de potássio num meio ácido. S Dakshayani e Puttaswamy (2016) estudaram a cinética da oxidação da pregabalina com a atividade catalítica do cloreto de ruténio tetraóxido de ósmio e do oxidante cloramina-T [84]. Além disso, N Suresha et al (2017) estudaram a cinética da oxidação da pregabalina com o mesmo oxidante e reacções catalisadas e não catalisadas por cloreto de ruténio [85].

Domperidona:

A domperidona é um antagonista seletivo dos receptores da dopamina. É um agente antiemético e gastroprocinético. Aumenta o movimento através do sistema digestivo. É utilizado para tratar os sintomas de perturbações gástricas. Pode também ser utilizado para prevenir as náuseas e os vómitos. A pesquisa bibliográfica não revelou qualquer trabalho sobre o estudo cinético da oxidação da domperidona pelo dicromato de potássio.

Rasagilina:

A rasagilina é um antagonista seletivo dos receptores da dopamina. É um agente antiemético e gastroprocinético. Aumenta o movimento através do sistema digestivo. É utilizada para tratar os sintomas de perturbações gástricas. Pode também ser utilizado para prevenir as náuseas e os vómitos. A pesquisa bibliográfica não revelou qualquer trabalho sobre o estudo cinético da oxidação da rasagilina pelo dicromato de potássio.

Quetiapina:

A quetiapina é um composto orgânico psicoativo da classe dos derivados da dibenzotazepina. A sua composição química é 2-(2-(4-dibenzo[b,f][1,4]tiazepina-11-il-1piperazinil) etoxi) etanol. Actua como antagonista em múltiplos locais de receptores de neurotransmissores no cérebro e actua como agente antipsicótico útil no tratamento, entre outras coisas, da esquizofrenia e de episódios maníacos agudos associados à perturbação bipolar I [86] [87] [88]. A pesquisa bibliográfica não revelou qualquer trabalho sobre o estudo cinético da oxidação da quetiapina pelo dicromato de potássio.

Voglibose:

Voglibose é um medicamento anti-diabético utilizado no tratamento da diabetes tipo 2. É utilizado em conjunto com dieta e exercício para melhorar o controlo do açúcar no sangue em adultos com diabetes tipo 2. Inibe as enzimas intestinais que causam a decomposição dos açúcares complexos em açúcares simples, como a glucose. Isto evita que a glucose no sangue suba muito após as refeições [89]. R. Ramachandrappa Diwya e Pushpa Iyengar investigaram estudos cinéticos e mecanísticos sobre a oxidação da voglibose pelo bromo T num meio de HCl. A reação apresenta uma taxa de primeira ordem em relação à concentração do oxidante e uma ordem fraccionada em relação ao substrato e ao ácido [90]. A pesquisa bibliográfica não mostra nenhum trabalho sobre o estudo cinético da oxidação da voglibose pelo dicromato de potássio.

Cetrizina:

O cloridrato de cetrizina é um anti-histamínico de segunda geração, ativo por via oral e antagonista seletivo dos receptores H_1 , utilizado no tratamento dos sintomas de alergia [91]. É utilizado para a prevenção e o tratamento da febre dos fenos, comichão nos olhos, espirros e corrimento nasal, olhos lacrimejantes e outros sintomas alérgicos [92]. J. Pande, A. K. Patnaik, G. C. Pradhan e P. Mohanty (2014) estudaram a cinética e o mecanismo de oxidação do cloridrato de cetrizina, um agente antialérgico, pelo Mn(VII) num meio ácido e descobriram que a reação era de primeira ordem em relação ao substrato, ao oxidante e ao ácido [93]. P. R. Rangaraju, T. V. Venkatesha e R. Ramachandrappa (2012) estudaram a cinética e a investigação mecanicista da oxidação do dicloridrato de cetrizina por bromo T num meio HCL. A reação apresenta uma dependência de primeira ordem do substrato e uma dependência fraccionada negativa do ácido [94]. A pesquisa bibliográfica não revela nenhum trabalho sobre o estudo cinético da oxidação do cloridrato de cetrizina pelo dicromato de potássio.

1.6 REFERÊNCIAS

1. Keith. J. Laidler, Chemical kinetics, III ed., Harper and Row, Nova Iorque, (1987).

2. M. H. Back e K. J. Laidler, Selected readings in Chemical Kinetics, Pergamon, Oxford, (1967)

3. J. R. Parington, A History of Chemistry, Macmillan, Londres, (1961).

4. P. Zuman e R.C. Patel, Techniques in organic reaction kinetics, Wiley, Nova Iorque (1984).

5. K. B. Wiberg, química orgânica física, Wiley, Nova Iorque, (1964).

6. E. A Moelwyn-Hughes, Chemical statistics in kinetics in solution, Academic, London, (1971).

7. R. M. Noyes, Effect of diffusion rates on chemical kinetics, edição de G. Porter, (1961).

8. Amdur e G. G. Hames, Chemical Kinetics: Principles and selected topics, McGraw-Hill, Nova Iorque, (1966).

9. J. T. Hynes, Chemical reaction dynamics in solution, Ann, Rev. Phys. Chem., 36, 573, (1985).

10. A. Forhcis e J. Richar. Saundburg, Química orgânica avançada, IV edição (2000).

11. E. F. Caldin, Fast reactions in solution, Blackwell, Oxford, (1964).

12. L. Wilhelmy, Pogg. Ann., 81, 413, 499, (1850).

13. Latham, Reaction Kinetics, Bullarworks Pub. Comp. (1987).

14. Puri, Sharma e Pathania, Principles of Physical Chemistry, Millenium edition, (2003).

15. S.K. Dogra, S. Dogra, Physical Chemistry through problems, New Age International Publication, (2001).

16. Gurdeep R. Chatwal, Sham K. Anand, Métodos instrumentais de análise química, Himalaya Publication, V Edition, (2007).

17. Silbey, Alberty, Physical Chemistry, John Wiley and Sons, (2001).

18. Walter J. Moore, Physical Chemistry, Vth Edition, Orient Longman, (2000).

19. H. Kaur, Métodos instrumentais de análise química, Pragati Prakashan, (2008).

20. Gurtu, Khera, Arya, Physical Chemistry, I Edition, (2006).

21. Atkins e Depaula, Physical Chemistry, V Edition, Oxford Publication, (2001).

22. Keith J. Laidler, Chemical Kinetics, Low Price, IIIrd Edition, (2007).

23. A. Cornish-Bowden, Fundamentals of Enzyme Kinetics, Princípios básicos de cinética química, IV Edição, (2012)

24. E. S. Amis, Solvent effect on reaction rate and mechanism, Academic Press, New York, (1967).

25. E. Tomila, A. Koiristo e J.P. Lyra, J Phy. Chem., 5(41), 589, (1890).

26. E. S. Amis e J. R. Price, Journal of Phy. Chem., 47, 1338, (1943).

27. J. N. Bronsted, J. Phys. Chem., 102, 169 (1922).

28. N. Bjerrum, J. Phys. Chem., 82, 108, (1924).

29. J. A. Christiansen, J. Phys. Chem., 35, 113, (1925).

30. V. K. Lamer, Chem. Rev., 1, 161, (1932).

31. J. J. Hood, Phil Mag., 20, 323 (1885).

32. S. Arrhenius. J. Phys. Chem., 4, 226, (1889).

33. A.K. Bhattacharjee e M.K. Mahanti, Indian J. Chem, 22B, 174 (1983).

34. Vijay Devra, J. Indian Chem. Society, 82, 290 (2005).

35. http://ehealthmedical.com/importance-of-pharmaceuticals-in-our-lives

36. Amar K. Durgannavar, Manjunath D. Metil, Sharanappa T. Nandibewoor e Shivamurti A. Chimatadar, Cogent Chemistry, 1: 1115210, (2015)

37. J. Singh, P.S. Kalsi, G.S. Jawand e B.R. Chhabra, Chem Ind., (Londres), 751 (1986)

38. S.V. Ley e A. Madin, "Oxidation adjacent to oxygen of alcohols by chromium reagents in comprehensive organic synthesis", Pergamon Press, Oxford (1991).

39. Lee D.G. Oxidation of organic compounds by permanganate, Fe ion, and hexavalent chromium, Open Court: La Sale : (1980)

40. Sayyed Hussain, et al, "Kinetic and mechanistic study of oxidation of ester by $K_2 Cr O_{27}$ " Int J Chem Res., 2, 2, 8-10 (2011).

41. Chimatadar, S.A., Madawale, S.V., & Nandibewoor, S.T. "Mechanism of oxidation of hexamine by quinolinium dichromate in aqueous perchloric acid" Ind J Chem Tech, 14, 459-465 (2007).

42. Sen Gupta KK, Chakladar JK, "Kinetics of the chromic acid oxidation of arsenic (III)" J Chem Soc Dalton Trans 2, 222-225 (1974).

43. Hasan F, Rosek J "Three electron oxidations, IX, Chormic acid oxidation of glycolic acid" J Am Chem Soc, 97, 1444-1450 (1975).

44. Bayen R, Das AK "Kinetics and mechanism of oxidation of D-galactose by chromium (VI) in presence of a 2,2′ -bipyridine catalyst in aqueous micellar media" Open Catal J, 2,71-78 (2009).

45. F. A. Luzzio, Reação Orgânica, 53,1 (1998)

46. G. Piancatelli, A. Scettri e M. D. Auria, Synthesis, 245, (1982).

47. F. H. Westheimer, Chem. Rev., 45, 419 (1949)

48. J. Muzart, Chem. Rev., 92, 113, (1992)

49. S. Sundaram e N. J. Venkatasubramanian, Sci. Ind. Res., 35, 518, (1976)

50. W.A. Waters, "Mechanism of oxidation of organic compounds", Methuen, Londres (1964)

51. R. Stewart, "Oxidation Mechanisms", Benjamin, Nova Iorque (1965).

52. G. Cainelly e G. Cardillo, "Chromium oxidation in organic chemistry", Springer-Verlog, Berlim, Heidelberg (1984).

53. M. Hudlicky, "Oxidations in organic chemistry", American Chemical Society Washington, ACS monograph, 186 (1990).

54. K. Balasubramanian, V. Pratiba, Indian J. Chem, 25B, 326 (1986).

55. A. Pandurangan, V. Murugaesan, M. Palanichamy, J. Ind. Chem. Soc., 72, 479 (1995).

56. I. Dave, V. Sharma e K. K. Banerji, Ind. J. Chem., 41A, 493 (2002).

57. S. Vyas e P.K. Sharma, Ind J. Chem., 43A, 1219 (2004).

58. K. B. Wiberg, "Oxidation by chromic acid and chromyl compounds in organic chemistry" Part A, Academic Press, New York, 69 (1965).

59. H. O. House, "Modern synthetic reaction", Ed. Benjamin, Londres (1972).

60. K. G. Sekar e C.L. Edison Raj, J. Chem. Pharm. Res., 3, 4, 596 (2011).

61. W. A. Waters, Quart. Rev., 277 (1958).

62. Khushboo Vadera, D. Sharma, S. Agarwal e Pradeep K. Sharma, Indian J. Chem. 49A, 302 (2010).

63. Subbiah Meenakshisundaram e N.Sarathi, Indian J. Chem., 46A, 1778 (2007).

64. Mohammed Hassan, Ahmed N. Al Hakimi, Mohammed D. Alahmadi, "Kinetics of oxidation of aliphatic alcohols by potassium dichromate in aqueous and micellar media", S. Afr. J. Chem. 64, 237-240, (2011).

65. P. Rajendran, P. Bashpa, K. Bijudas, "Estudos cinéticos sobre a oxidação da ciclohexanona por dicromato de potássio em meio aquoso acético", J. Chem and Pharmaceutical Sciences 9, 4, 2900-2904, (2016).

66. D. R. Doshi, H.Z. Guard, H.M. Doshi e T. N. Nagar, "Kinetics of the oxidation of ethyl acetate by potassium dichromate", 11, 4, 1397-1401, (1999).

67. Paul Chirita, "Kinetics of aqueous pyrite oxidation by potassium dichromate - an experimental study", Turk J. Chem., 27, 111-118, (2003).

68. Hartani K. A., "Micellar catalytic oxidation of ascorbic acid by potassium dichromate", Research Journal of Chemical Sciences, 4, 6, 82-89, (2014).

69. K. Bijudas, "Cinética e mecanismo da oxidação selectiva de álcoois benzílicos por dicromato acidificado em meio aquoso de ácido acético", Oriental Journal of Chemistry, 30, 3, (2014).

70. M. M. Antonijevic, M. Dimitrijevic, Z. Jankovic, "Investigation of pyrite oxidation by potassium dichromate" Hydrometallurgy, 32, 1, 61-72, (1993).

71. Kenneth B. Wiberg, e Theodore Mill, "The kinetics of the chromic acid oxidation of benzaldehyde" Journal of American Chemical Society, 20, 12, 3022-3029, (1958).

72. Subbiah Meenakshisundaram e Rajagopal Vinothini, "Cinética e mecanismo de oxidação da metionina pelo crómio (VI): Edta catalysis" Croatica Chemica Ata, 76, 1, 75-80 (2003).

73. T. D. Radhakrishnan Nair e M. Zuhara, "Kinetic studies on the oxidation of 1-phenyl ethanol and its para-substituted derivatives by potassium dichromate in aqueous acetic acid medium", 20, 6, 4388-4392 (2008).

74. Masooda Qadri, Shazia Nisar e Nasreen Fatima, "Photokinetics of the oxidation of coomassie brilliant blue by potassium dichromate in acidic medium", 3, 2, 888-898 (2015).

75. T.N. Padmini, M. Manju e B.C. Sateesh, "Estudos cinéticos sobre a oxidação de etil-2-(metiltio) pirimidina 5-carboxilato por dicromato de potássio em meio aquoso de ácido perclórico", 5, 11, 113-117 (2016).

76. Rama Parmar e Sachin Bhatt, "Cinética e mecanismo de oxidação de alguns a-aminoácidos por ácido crómico na presença de ácidos acéticos cloro-substituídos", 4, 9, 305-316 (2017).

77. Shanu Mathur, M. B. Yadav e Vijay Devra, "Oxidação de lisina por crómio (VI) em meio de perclorato ácido: A kinetic study", 13, 2, 641-649 (2015).

78. Arthur Daemmrich e Mary Ellen Bowden, "The Pharmaceutical Golden Era: 1930-60" Chemical & Engineering News, American Chemical Society, 83, 25 (2005).

79. Christian G. Daughton, "Pharmaceuticals in the environment: Sources and their management", Analysis, Removal, Effects and Risk of Pharmaceuticals in the Water Cycle, 62, 37-69 (2013).

80. Maja Kuzmanovic, Zoran Banjac, Antoni Ginebreda, Mira Petrovic e Damia Barcelo, "Prioritization: Selection of Environmentally occurring pharmaceuticals to be monitored", Analysis, Removal, Effects and Risk of Pharmaceuticals in the Water Cycle, 62, 71-90 (2013).

81. Imma Ferrer, E. Michail Thurman, "Analysis of pharmaceuticals in drinking water, groundwater, surface water, and wastewater" Analysis, Removal, Effects and Risk of Pharmaceuticals in the Water Cycle, 62, 91-128 (2013).

82. Irene Michael, Zacharias Frontistis, Despo Fatta-Kassinos, "Removal of Pharmaceuticals from environmentally relevant matrices by Advanced Oxidation Processes", Analysis, Removal, Effects and Risk of Pharmaceuticals in the Water Cycle, Vol 62, 345-407 (2013).

83. Frampton J E. "Pregabalina: A review of its use in adults with generalized anxiety disorder" CNS Drugs, 28, 9, 835-854 (2014).

84. S. Dakshayani, Puttaswamy; "Atividade catalítica sinérgica de $RuCl_3$ e OsO_4 na oxidação seletiva da molécula do medicamento pregabalina: Exploração do escopo, mecanismo de reação e modelagem cinética" Applied Catalysis A General, 513, 116-126 (2016).

85. N Suresha, Kalyan Raj, "Oxidação catalisada e não catalisada por ruténio (III) da pregabalina por cloramina-T ácida: Kinetic and mechanistic approach" Int. Res. J. Pharm.,8, 8, 62-69 (2017).

86. Vasantha Mittapelli, Lakshmanarao Vadali, Sivalakshmi Devi A e M.V. Suryanarayana, "Identificação, isolamento, síntese e caraterização das principais impurezas de oxidação na quetiapina", Rasayan. J. Chem., 3, 4, 677-680 (2010).

87. R. Narendra Kumar, G. Nageswara Rao, P.Y. Naidu, "Stability indicating fast LC method for determination of quetiapine fumarate related substances in bulk and pharmaceutical formulation", Der Pharmacia Lettere, 3,3, 457-469 (2011).

88. Chennupati V.S., K.R.S.Sambasiva Rao e G. Vidya Sagar, "Development of new visible spectrophotometric methods for the determination of quetiapine in pharmaceutical dosage forms", Bulletin of Pharmaceutical Research, 1,3, 31-33 (2011).

89. https://www.1mg.com/generics/voglibose-210910.

90. R. Ramachandrappa Diwya e Pushpa Iyengar, "Kinetic and mechanistic studies on the oxidation of voglibose by bromine-T in HCl medium", Research Journal of Pharmaceutical, Biological and Chemical Sciences, 3, 1, 835-846 (2012).

91. Tatyana Dyakonov et al, "Isolamento e caraterização do produto de degradação da cetirizina: Mechanism of cetrizine oxidation", Pharm Res. 27, 1318-1324, (2010).

92. Borowska E, Bourgin M, Hollender J. Kienie C, McArdell CS, von Gunten U, "Oxidação de cetrizina, fexofenadina e hidroclorotiazida durante a ozonização: Kinetics and formation of transformation products", Water Res, 94, 350-362, (2016).

93. J. Pande, A. K. Patnaik, G. C. Pradhan, P. Mohanty, "Cinética e mecanismo de oxidação do cloridrato de cetrizina, um agente antialérgico por Mn (VII) em meio ácido", International Journal of Advanced Chemistry, 2, 2, 124-129 (2014).

94. P. R. Rangaraju, T. V. Venkatesha e R. Ramachandrappa, "Kinetics and mechanistic investigation on oxidation of cetrizine dihydrochloride by bromine-T in HCL medium", Research Journal of Pharmaceutical, Biological and Chemical Sciences, 3, 3, 432-442 (2012).

CAPÍTULO II

EXPERIMENTAL

CAPÍTULO - II   PORMENORES EXPERIMENTAIS

2.1 PRODUTOS QUÍMICOS, INSTRUMENTOS

Foi efectuado um estudo cinético e mecanístico da oxidação de produtos farmacêuticos com dicromato de potássio num meio de ácido sulfúrico. A constante de velocidade foi determinada segundo uma condição de pseudo-primeira ordem. Foram tomadas todas as precauções e cuidados necessários para a realização do estudo.

QUÍMICOS:

O dicromato de potássio, o ácido sulfúrico, o cloridrato de cetrizina, a domperidona, a pregabalina, a rasagilina, a voglibose e a quetiapina eram de grau analítico fornecidos por uma empresa local. Todos os produtos químicos foram utilizados tal como foram recebidos.

ÁGUA:

A água utilizada era da mais alta pureza e foi obtida por destilação da água do laboratório duas vezes sobre permanganato alcalino numa unidade de destilação de vidro. Os gases dissolvidos foram eliminados por ebulição.

PREPARAÇÃO DE SOLUÇÕES:

As quantidades calculadas dos substratos foram pesadas diretamente para um balão normalizado e completadas até à marca com água bidestilada. A solução ácida foi preparada transferindo diretamente a quantidade conhecida de ácido sulfúrico puro para um balão normalizado e completando o volume com água bidestilada. Para um determinado conjunto de experiências, foi utilizada a mesma solução-mãe para minimizar os erros. As soluções de sal foram preparadas de novo.

APARELHOS:

Todos os pesos, buretas, pipetas, frascos de medição e frascos-padrão foram cuidadosamente calibrados antes da utilização. Todos os objectos de vidro utilizados eram feitos de vidro borossil. Os recipientes de reação utilizados foram frascos de iodação de 200 ml.

TERMOSTATO:

O termóstato utilizado era da marca "Toshniwal". A constância da temperatura foi mantida com uma exatidão de ±0,02° C.

ESPECTROFOTÓMETRO:

Foi utilizado um sofisticado espetrofotómetro UV-visível de feixe duplo 119 da empresa Systronics com as seguintes especificações.

Ótica Grelha	Feixe único 1200 linhas/mm
Comprimento de onda Gama Resolução Exatidão Repetibilidade Largura de banda	 200 a 1000nm 0.1 nm ±0,5 nm ±0,2nm 1 nm
Luz difusa	Menos de 0,1 % T a 220 nm e 340 nm
Modos de medição	 % Transmitância Absorvância Fator K de concentração, multipadrão até 5
Modos de funcionamento	Comprimento de onda único Comprimento de onda múltiplo Digitalização (com função multi-scan) Verificação de tempo
Fonte	Lâmpada de halogéneo de tungsténio (320 a 1000 nm) Lâmpada de deutério (200 a 340 nm)
Velocidade de digitalização	Lento, médio e rápido (mínimo com uma amplitude de 100 nm)
Detetor	Fotodíodo sólido de estado sólido de gama alargada melhorado por UV
Correção da linha de base	Correção automática da linha de base
Nivelamento da linha de base	±0,003 Abs/hr (Após 40 minutos de aquecimento)
Processamento de dados	Picareta de pico, picareta de ponto, picareta de vale Zoom / Sobreposição de espectros

	1 2^{st, nd} 3rd & 4th Derivados
	Cálculo da média de dois exames
	Armazenamento/recuperação do espetro
	Concentração da varredura em comparação com as varreduras de base
Suporte de amostras	5 posição para cuvete de 10 mm (automaticamente)
Potência	230V ±10% 50 Hz
Dimensões	745 (L) X 480 (P) X 200 (A) mm
Peso	24 kg
Acessórios	Duas cuvetes de quartzo de 10 mm de percurso, cobertura contra poeiras e manual
Acessórios opcionais	Suporte para cuvetes cilíndricas e rectangulares de 50 mm ou 100 mm Computador pessoal / portátil Qualquer impressora compatível com o sistema operativo do PC

2.2 DETERMINAÇÃO DA ESTEQUIOMETRIA DA REACÇÃO

Oxidação da pregabalina:

As diferentes misturas de reação contendo diferentes concentrações de pregabalina com concentrações excessivas de dicromato de potássio em ácido sulfúrico foram mantidas durante 4-5 dias para completar a reação. O dicromato de potássio não reagido foi determinado espectrofotometricamente a 520nm. A estequiometria da reação revelou que foram consumidos dois moles de oxidante para a oxidação de três moles de pregabalina. Assim, confirma-se a seguinte equação.

$$2K_2 Cr O_{27} + 8H_2 SO_{4(aq)} + 3C H O_{8172} N \rightarrow 3C H O_{8144} + 2K_2 SO_4 + 2(Cr_2 SO)_{43} + 8H_2 O + 3NH_3$$

Oxidação da Domperidona:

As diferentes misturas reaccionais contendo diferentes concentrações de domperidona com concentrações excessivas de dicromato de potássio em ácido sulfúrico foram mantidas durante 4-5 dias para completar a reação. O dicromato de potássio não reagido foi determinado espectrofotometricamente a 520 nm. A estequiometria da reação revelou que é consumido um mol de oxidante para a oxidação de três moles de domperidona. Assim, confirma-se a seguinte equação.

$K_2 Cr O_{27} + 4H_2 SO_{4(aq)} + 3C H_{2224} ClN O_{52} \rightarrow 3C H_{2224} ClN O N_{42} \rightarrow O + K_2 SO_4 + (Cr_2 SO)_{43} + 4H O_2$

Oxidação da Rasagilina:

As diferentes misturas reaccionais contendo diferentes concentrações de rasagilina com concentrações excessivas de dicromato de potássio em ácido sulfúrico foram mantidas durante 48 horas para completar a reação. O dicromato de potássio não reagido foi determinado espectrofotometricamente a 520 nm. A estequiometria da reação revelou que foram consumidos dois moles de oxidante para a oxidação de um mol de rasagilina. Confirma-se, assim, a equação seguinte.

$2K_2 Cr O_{27} + 2H_2 SO_{4(aq)} + C H_{1213} N \rightarrow C H_{1113} NO_2 + 2K_2 SO_4 + 4CrO_2 + 2H_2 O + CO_2$

Oxidação da quetiapina:

As diferentes misturas reaccionais contendo diferentes concentrações de quetiapina com concentrações excessivas de dicromato de potássio em ácido sulfúrico foram mantidas durante 4-5 dias para completar a reação. O dicromato de potássio não reagido foi determinado espectrofotometricamente a 520 nm. A estequiometria da reação revelou que é consumido um mol de oxidante para a oxidação de três moles de quetiapina. Assim, confirma-se a seguinte equação.

$K_2 Cr O_{27} + 4H_2 SO_{4(aq)} + 3C H N_{212532} S O \rightarrow 3C H N_{212533} S O + K_2 SO_4 + (Cr_2 SO)_{43} + 4H_2 O$

Oxidação da Voglibose:

Diferentes misturas de reação contendo várias concentrações de voglibose com uma concentração excessiva de dicromato de potássio em ácido sulfúrico foram mantidas durante 4-5 dias para completar a reação. O dicromato de potássio não reagido foi determinado espectrofotometricamente a 520 nm. A estequiometria da reação revelou que é consumido um mol de oxidante para a oxidação de um mol de voglibose. Assim, confirma-se a seguinte equação estequiométrica.

$K_2 Cr O_{27} + H_2 SO_{4(aq)} + C H_{1021} NO_7 \rightarrow C H_{1017} NO_7 + K_2 SO_4 + 2H_2 CrO_3 + H O_2$

Oxidação do cloridrato de cetrizina:

Diferentes misturas reaccionais contendo diferentes concentrações de cloridrato de cetrizina com uma concentração excessiva de dicromato de potássio em ácido sulfúrico foram mantidas durante 4-5 dias para completar a reação. O dicromato de potássio não reagido foi determinado espectrofotometricamente a 520nm. A estequiometria da reação revelou que é consumido um mol de oxidante para a oxidação de três moles de cloridrato de cetrizina. Confirmou-se, assim, a seguinte equação.

$$K_2 Cr O_{27} + 4H_2 SO_{4(aq)} + 3C H_{2125} ClN O_{23} \rightarrow 3C H_{2125} ClN O_{23} \rightarrow O + K_2 SO_4 + (Cr_2 SO)_{43} + 4H O_2$$

2.3 ANÁLISE DO PRODUTO

Produtos de oxidação da Pregabalina:

O produto da reação foi confirmado utilizando uma mistura reacional contendo 0,1 mol dm^{-3} pregabalina, 0,2 mol dm^{-3} dicromato de potássio e 0,1 mol dm^{-3} ácido sulfúrico. A mistura reacional foi deixada em repouso durante 4-5 dias para completar a reação. A mistura reacional foi extraída com éter. A camada de éter foi neutralizada com bicarbonato de sódio e lavada com água destilada. A camada de éter foi evaporada e seca para obter o produto. O produto foi identificado como ácido 2(2-metil propil) butano-dioico. Este facto foi confirmado por testes pontuais [2].

Produtos de oxidação da Domperidona:

O produto da reação foi confirmado utilizando uma mistura reacional contendo 0,1 mol dm^{-3} domperidona, 0,2 mol dm^{-3} dicromato de potássio e 0,1 mol dm^{-3} ácido sulfúrico. A mistura reacional foi deixada em repouso durante 4-5 dias para completar a reação. A mistura reacional foi extraída com éter. A camada de éter foi neutralizada com bicarbonato de sódio e lavada com água destilada. A camada de éter foi evaporada e seca para obter o produto. O produto foi identificado como N-óxido de domperidona ($C H_{2224} ClN O_{42} N \rightarrow O$). Este facto foi confirmado por testes pontuais [2].

Produtos de oxidação da Rasagilina:

O produto da reação foi confirmado utilizando uma mistura reacional contendo 0,1 mol dm^{-3} rasagilina, 0,2 mol dm^{-3} dicromato de potássio e 0,1 mol dm^{-3} ácido sulfúrico. A mistura reacional foi deixada em repouso durante 4-5 dias para completar a reação. A mistura reacional foi extraída com éter. A camada de éter foi neutralizada com bicarbonato de sódio e lavada com água destilada. A camada de éter foi evaporada e seca para obter o produto. O produto foi identificado como ácido (*2,3-dihidro-1H-inden-1-ilamino*)acético. Este facto foi confirmado por testes pontuais [2].

Produtos de oxidação da Quetiapina:

O produto da reação foi confirmado utilizando uma mistura reacional contendo 0,1 mol dm^{-3} quetiapina, 0,2 mol dm^{-3} dicromato de potássio e 0,1 mol dm^{-3} ácido sulfúrico. A mistura reacional foi deixada em repouso durante 4-5 dias para completar a reação. A mistura reacional foi extraída com éter. A camada de éter foi neutralizada com bicarbonato de sódio e lavada com água destilada. A camada de éter foi evaporada e seca para obter o produto. O produto foi identificado como N-óxido de quetiapina (C H N$_{212533}$ S O). Este facto foi confirmado por testes pontuais [2].

Produtos de oxidação da Voglibose:

O produto da reação foi confirmado utilizando uma mistura reacional contendo 0,1 mol dm^{-3} voglibose, 0,2 mol dm^{-3} dicromato de potássio e 0,1 mol dm^{-3} ácido sulfúrico. A mistura reacional foi deixada em repouso durante 4-5 dias para completar a reação. A mistura reacional foi extraída com éter. A camada de éter foi neutralizada com bicarbonato de sódio e lavada com água destilada. A camada de éter foi evaporada e seca para obter o produto. O produto foi identificado como 1,2,3,4 - tetra-hidroxi-5 - [(1-hidroxi -3- oxopropan-2-il) amino] ciclo-hexano carbaldeído (C H$_{1017}$ NO$_7$). É confirmado por testes pontuais [2].

Produtos de oxidação do Cloridrato de Cetrizina:

O produto da reação foi confirmado utilizando uma mistura reacional contendo 0,1 mol dm^{-3} cloridrato de cetrizina, 0,2 mol dm^{-3} dicromato de potássio e 0,1 mol dm^{-3} ácido sulfúrico. A mistura reacional foi deixada em repouso durante 4-5 horas para completar a reação. A mistura reacional foi extraída com éter. A camada de éter foi neutralizada com bicarbonato de sódio e lavada com água destilada. A camada de éter foi evaporada e seca para obter o produto. O produto foi identificado como N-óxido de cetrizina (C H$_{2125}$ ClN O$_{23}$ $\rightarrow$O). Este facto foi confirmado por testes pontuais [2].

2.4 ESTUDO CINÉTICO

A cinética das reacções de oxidação de produtos farmacêuticos foi estudada sob a condição de pseudo-primeira ordem em que [substrato] >> [dicromato de potássio] [1]. As reacções foram seguidas através da monitorização da diminuição da concentração de dicromato de potássio espectrofotometricamente a 520 nm. As constantes de velocidade de pseudo-primeira ordem k$_{obs}$ foram avaliadas a partir dos gráficos lineares de log[PD] versus log kobs. Todas as experiências foram efectuadas em duplicado e os resultados foram reprodutíveis com um erro de ±5%.

2.5 REFERÊNCIAS

1   Wiberg K.B., Oxidation in organic chemistry, Academic Press, Londres e Nova Iorque, (1965).

2   F. Feigl, Spot tests in organic analysis, Elsevier, Nova Iorque, NY, EUA, 1957.

3   K.J.P. Orton e A.E. Bardfied, J. Chem. Soc., 640; 983 (1927).

4   A.I. Vogel, "A textbook of macro and semi-micro qualitative inorganic analysis, Orient Longmans Ltd., 326 (1967).

5   A.I Vogel, "A textbook of practical organic chemistry", Longmans Green & Co., Londres, (1971).

6   G.J. Jeffery, J. Bassett, J. Mendham & R.C. Denney Vogel's textbook of quantitative chemical analysis 5th Edition (ELBS Longman, Inglaterra) (1996).

7   J.F. Bunnet, Investigation of rates and mechanism of reaction techniques of chemistry, Wiley, New York.

8   N. Venkatasubramanian e V. Thiagarajan, Canadian Journal of Chemistry, 47, 694, (1969).

CAPÍTULO III

RESULTADOS

CAPÍTULO III - RESULTADOS

3.1 PREGABALINA

Informações importantes:

Aspeto físico: Sólido

Nome IUPAC: Ácido (3S)-3-(aminometil)-5-metil hexanóico

Fórmula molecular: $C H_{817} NO_2$

Peso molecular: 159,226

Ponto de fusão: 186-188 C°

Ponto de ebulição: 274° C a 760 mm Hg

Solubilidade em água: Livremente solúvel

Carga fisiológica: 0

Refratividade: 43,68 m^3 .mol^{-1}

Polarizabilidade: 18,08 A^3

Estrutura:

H3C — NH2

CH3

O

HO

Figura 1:   Efeito da variação da concentração de pregabalina

$[PD] = 0,001\,mol\,dm^{-3}$ $[H_2\,SO_4] = 0,1\,mol\,dm^{-3}$ $T = 303K$

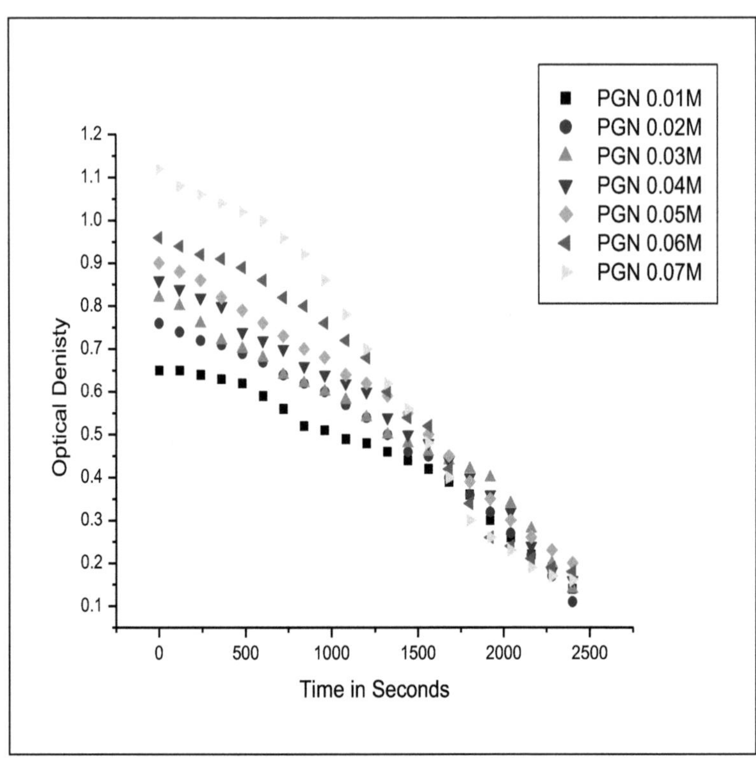

Figura 2: Gráfico de log [PGN] versus log kobs

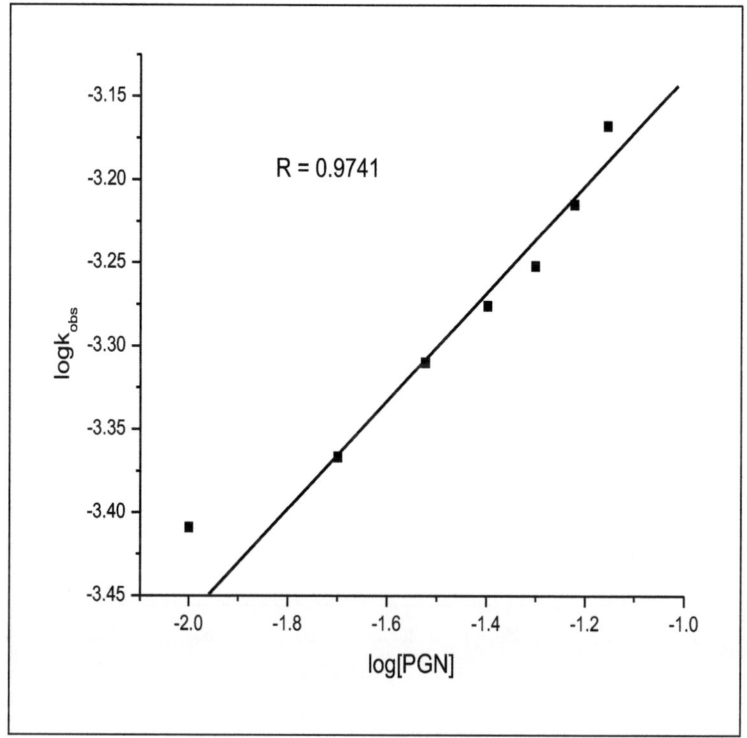

Figura 3: Gráfico de 1/[PGN] versus 1/k_{obs}

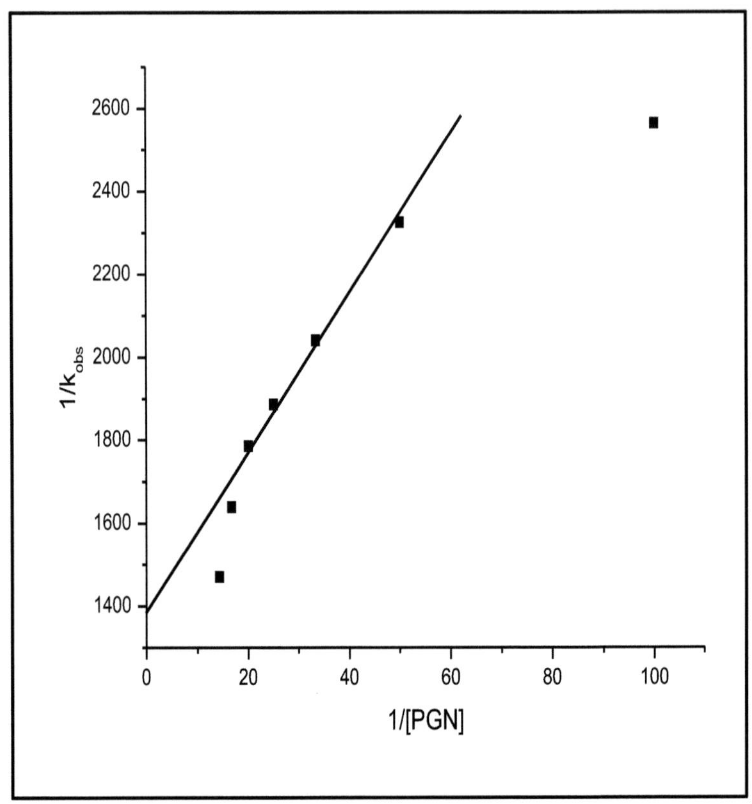

Figura 4:   Efeito da variação da concentração de dicromato de potássio na taxa de oxidação da pregabalina

[PGN] = 0,01mol dm^{-3} [H$_2$ SO$_4$] = 0,1 mol dm^{-3} T = 303K

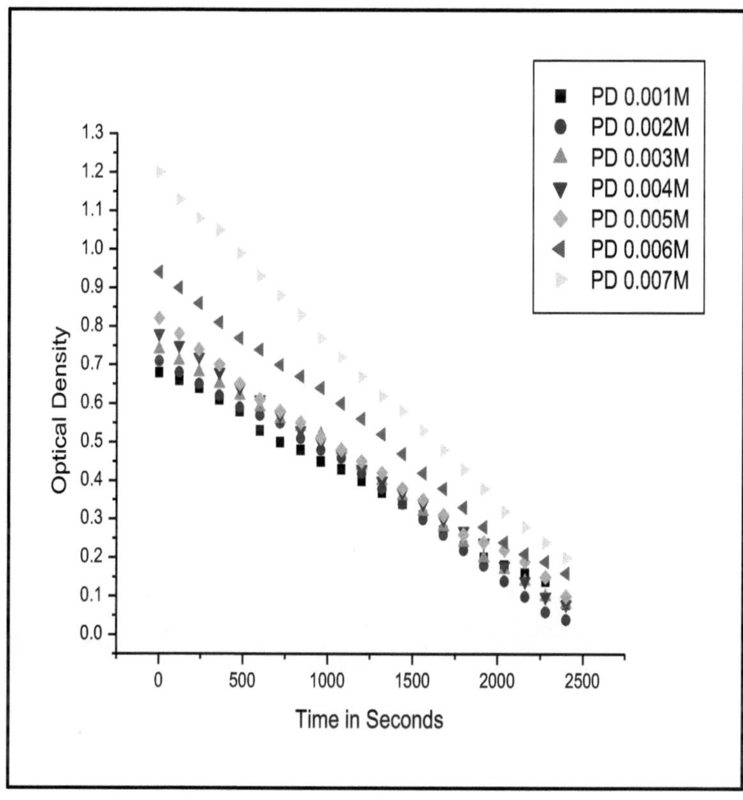

Figura 5: Gráfico de log [PD] versus log kobs para a taxa de oxidação da Pregabalina

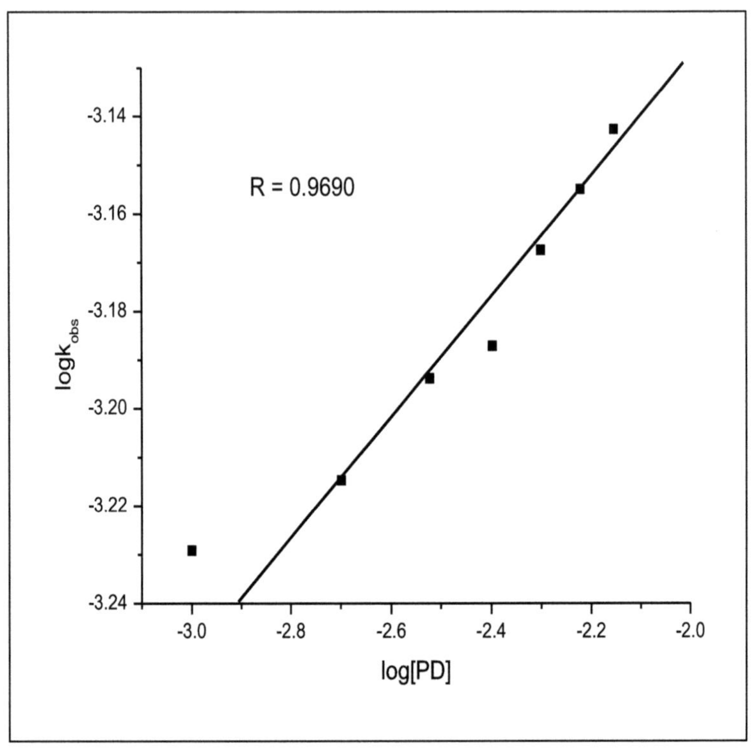

Figura 6: Gráfico de 1/ [PD] versus 1/k para a taxa de oxidação da pregabalina

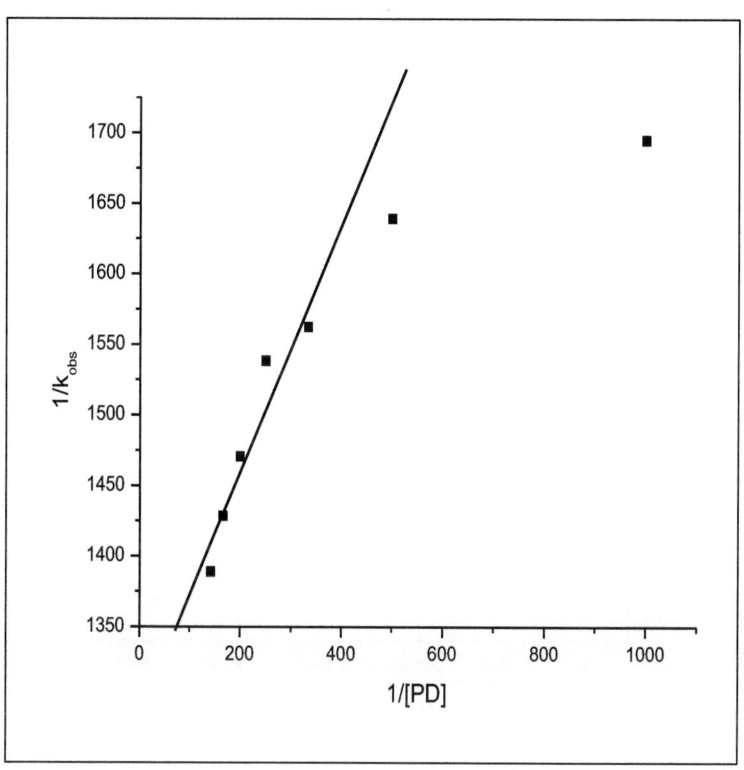

Figura 7:   Efeito da variação da concentração de ácido sulfúrico na taxa de oxidação da pregabalina

$[PD] = 0{,}001\,mol\,dm^{-3}$ $[PGN] = 0{,}01\ mol\,dm^{-3}$ $T = 303K$

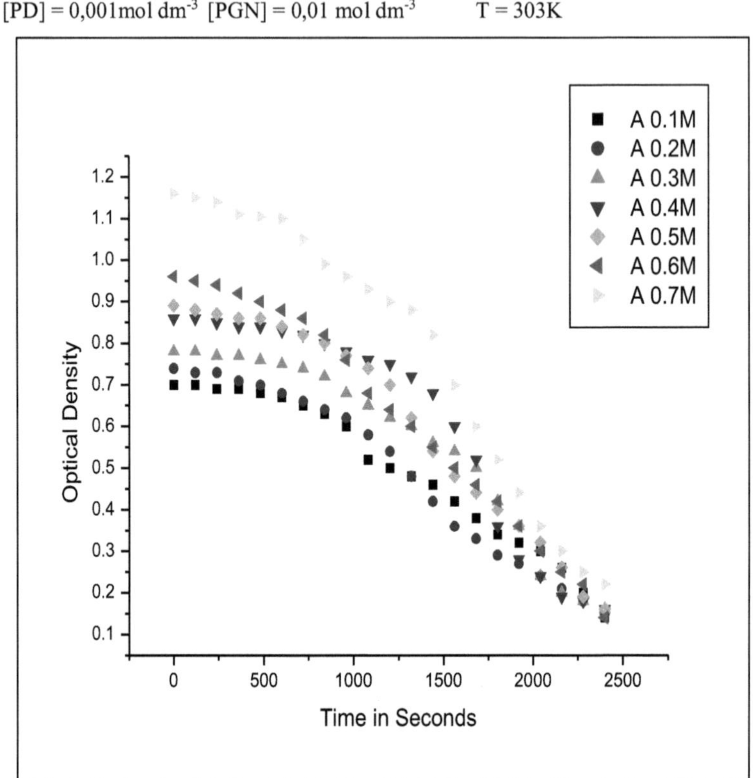

Figura 8:   Gráfico de log[H$^+$] versus log kobs para a taxa de oxidação da pregabalina

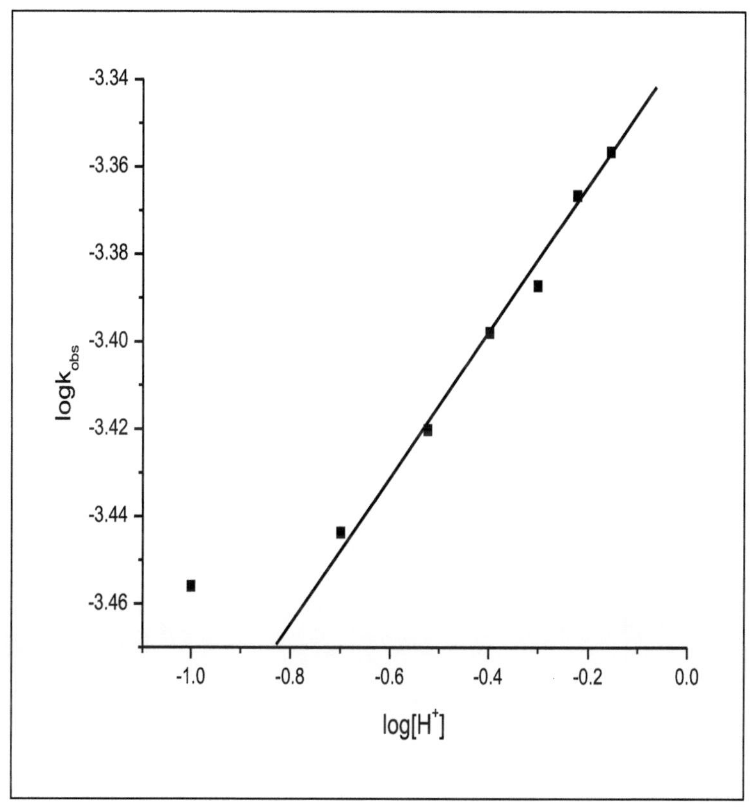

$[PD] = 0,001 \text{mol dm}^{-3}$ $[PGN] = 0,01 \text{ mol dm}^{-3}$ $[H_2 SO_4] = 0,1 \text{ mol dm}^{-3}$

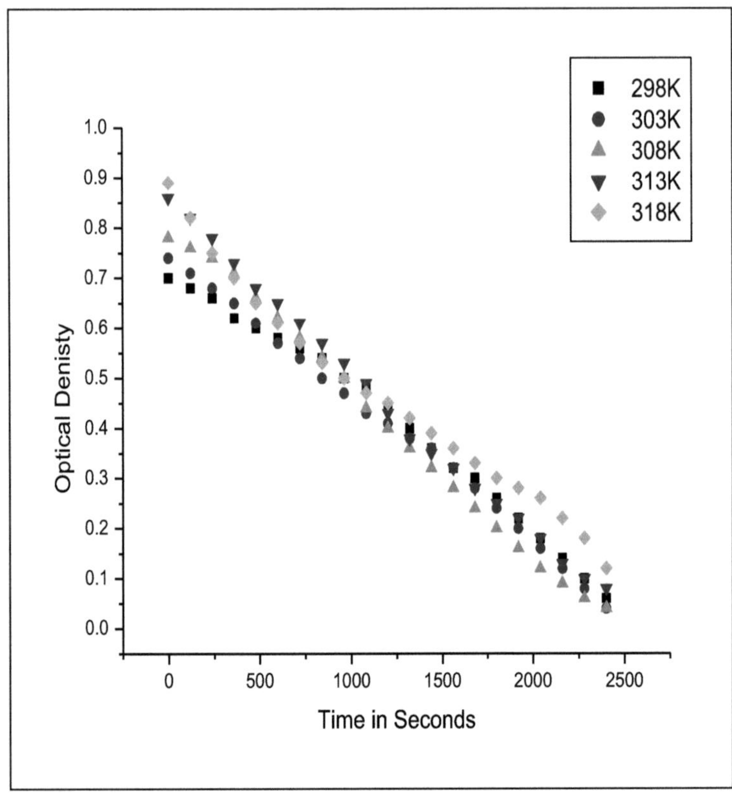

Figura 10:   Gráfico de 1/T versus logk/T para a taxa de oxidação da pregabalina

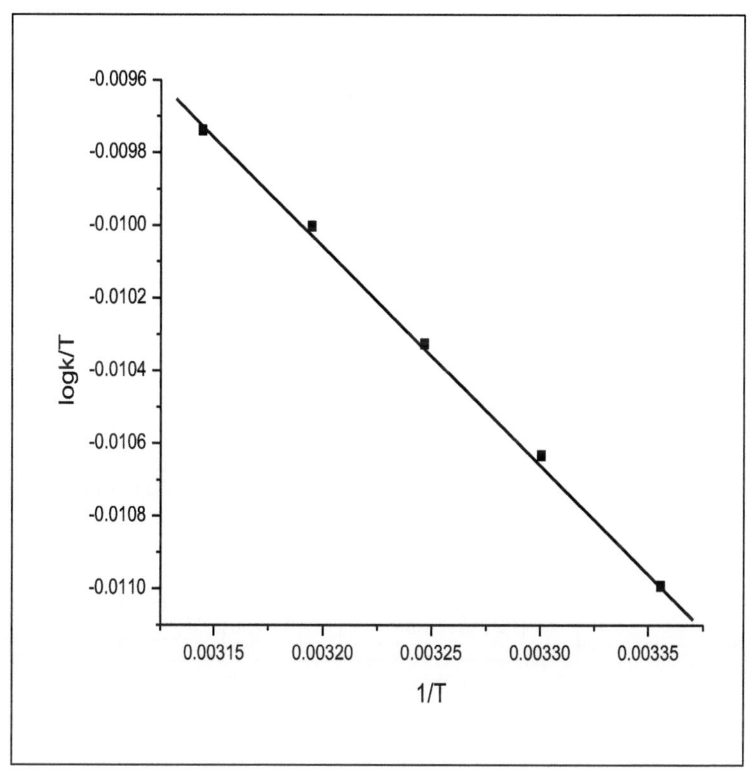

Tabelas: **Tabela 1: Efeito da variação da concentração de Pregabalina na velocidade de reação**

$[PD] = 0,001$ mol dm^{-3} $[H_2 SO_4] = 0,1$ mol dm^{-3} T = 303K

[PGN] mol dm^{-3}	k s$_{obs}$ $^{-1}$
0.01	0.00039
0.02	0.00043
0.03	0.00049
0.04	0.00053
0.05	0.00056
0.06	0.00061
0.07	0.00068

Tabela 2:   Efeito da variação da concentração de dicromato de potássio na velocidade de reação

$[PGN] = 0,01$ mol dm^{-3} $[H_2 SO_4] = 0,1$ mol dm^{-3} T = 303K

[PD] mol dm^{-3}	k s$_{obs}$ $^{-1}$
0.001	0.00035
0.002	0.00037
0.003	0.00038
0.004	0.00039
0.005	0.00041
0.006	0.00043
0.007	0.00045

Tabela 3: Efeito da variação da concentração de ácido sulfúrico na velocidade de reação

$[PGN] = 0,01$ mol dm^{-3} $[PD] = 0,001$ mol dm^{-3} $T = 303K$

$[H_2 SO_4]$ mol dm^{-3}	$k\ s_{obs}^{-1}$
0.1	0.00035
0.2	0.00036
0.3	0.00038
0.4	0.00040
0.5	0.00041
0.6	0.00043
0.7	0.00044

Tabela 4:   Efeito da variação da temperatura

$[PGN] = 0,01$ mol dm^{-3} $[PD] = 0,001$ mol dm^{-3} $[H_2 SO_4] = 0,1$ mol dm^{-3}

Temperatura K	$k\ s_{obs}^{-1}$
298	0.00053
303	0.00060
308	0.00066
313	0.00074
318	0.00080

Tabela 5:   Parâmetros de ativação da pregabalina

Parâmetros de ativação	
Ea	16,459 kJmol^{-1}

ΔH	13,856 kJmol^{-1}
ΔS	-262,96 JK^{-1} mol^{-1}
ΔG	96,148 kJmol^{-1}

Tabela 6: **Efeito da adição de NaCl na taxa de oxidação da pregabalina**

[PD] = 0,001 mol dm^{-3} [H$_2$ SO$_4$] = 0,1 mol dm^{-3}

[PGN] = 0,01 mol dm^{-3} T = 303K

[NaCl] mol dm^{-3}	k s$_{obs}$$^{-1}$
0.1	0.00047
0.2	0.00046
0.3	0.00047
0.4	0.00048
0.5	0.00049
0.6	0.00048
0.7	0.00048

Tabela 7: **Efeito da adição de KCl na taxa de oxidação da pregabalina**

[PD] = 0,001 mol dm^{-3} [H$_2$ SO$_4$] = 0,1 mol dm^{-3}

[PGN] = 0,01 mol dm^{-3} T = 303K

[KCl] mol dm^{-3}	k s$_{obs}$$^{-1}$
0.1	0.00049

0.2	0.00048
0.3	0.00048
0.4	0.00050
0.5	0.00049
0.6	0.00048
0.7	0.00050

Tabela 8: **Efeito da adição de KBr na taxa de oxidação da pregabalina**

$[PD] = 0,001$ mol dm^{-3} $[H_2 SO_4] = 0,1$ mol dm^{-3}

$[PGN] = 0,01$ mol dm^{-3} $T = 303K$

[KBr] mol dm^{-3}	$k\ s_{obs}^{-1}$
0.1	0.00050
0.2	0.00051
0.3	0.00051
0.4	0.00051
0.5	0.00052
0.6	0.00051
0.7	0.00051

Tabela 9: **Efeito da adição de MgCl$_2$ na taxa de oxidação da pregabalina**

$[PD] = 0,001$ mol dm^{-3} $[H_2 SO_4] = 0,1$ mol dm^{-3}

$[PGN] = 0,01$ mol dm^{-3} $T = 303K$

[MgCl$_2$] mol dm^{-3}	$k\ s_{obs}^{-1}$
0.1	0.00046
0.2	0.00047

0.3	0.00046
0.4	0.00046
0.5	0.00047
0.6	0.00047
0.7	0.00048

Tabela 10: Efeito da adição de acrilonitrilo na taxa de oxidação da pregabalina

$[PD] = 0,001$ mol dm^{-3} $\qquad$ $[H_2 SO_4] = 0,1$ mol dm^{-3}

$[PGN] = 0,01$ mol dm^{-3} $\qquad$ T = 303K

[Acrilonitrilo] mol dm^{-3}	k s_{obs}^{-1}
0.01	0.00042
0.02	0.00042
0.03	0.00041
0.04	0.00042
0.05	0.00043
0.6	0.00042
0.7	0.00041

DOMPERIDONA

Informações importantes:

Aspeto físico: Sólido

Nome IUPAC: 5-chloro-1-{1-[3-(2-oxo-2,3-dihydro-1H-1,3-benzothiazole-1-yl) propyl]piperidin-4-yl}-2,3-dihydro-1H-1,3-benzothiazole-2-one

Fórmula molecular: $C_{22}H_{24}ClN_5O_2$

Peso molecular: 425,911

Ponto de fusão: 242,5 C°

Solubilidade em água: 0,986 mg/L

Carga fisiológica: 1

Refratividade: 119,37 m^3 .mol^{-1}

Polarizabilidade: 45,61 A^3

Estrutura:

Figura 11: Efeito da variação da concentração de domperidona

$[PD] = 0,001\,\text{mol dm}^{-3}$ $[H_2 SO_4] = 0,1\,\text{mol dm}^{-3}$ $T = 303K$

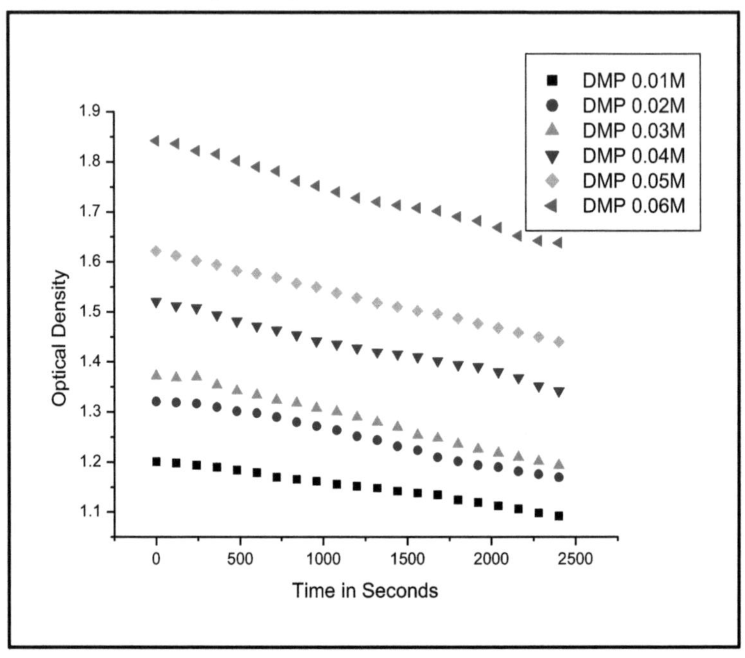

Figura 12: Gráfico de log [DMP] versus log kobs

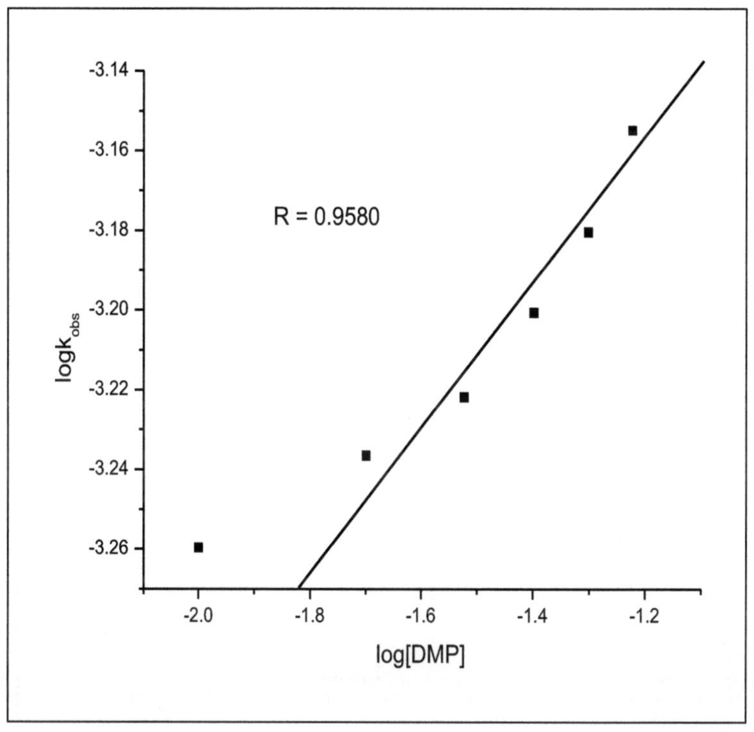

Figura 13: Gráfico de 1/[DMP] versus 1/k_{obs}

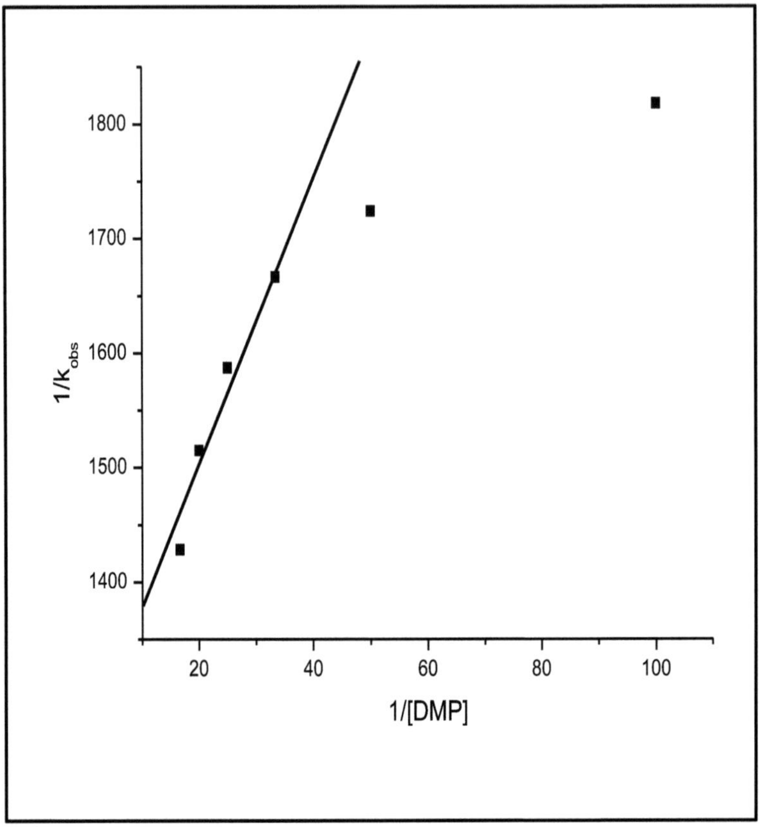

Figura 14: Efeito da variação da concentração de dicromato de potássio na taxa de oxidação da Domperidona

[DMP] = 0,01 mol dm^{-3} [H$_2$SO$_4$] = 0,1 mol dm^{-3} T = 303K

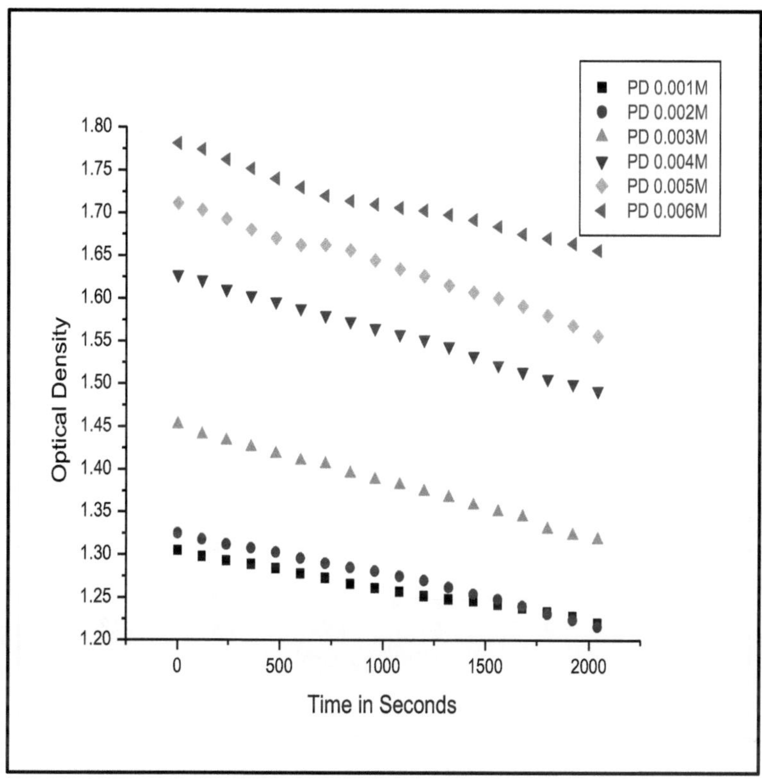

Figura 15: Gráfico de log [PD] versus log k para a taxa de oxidação da Domperidona

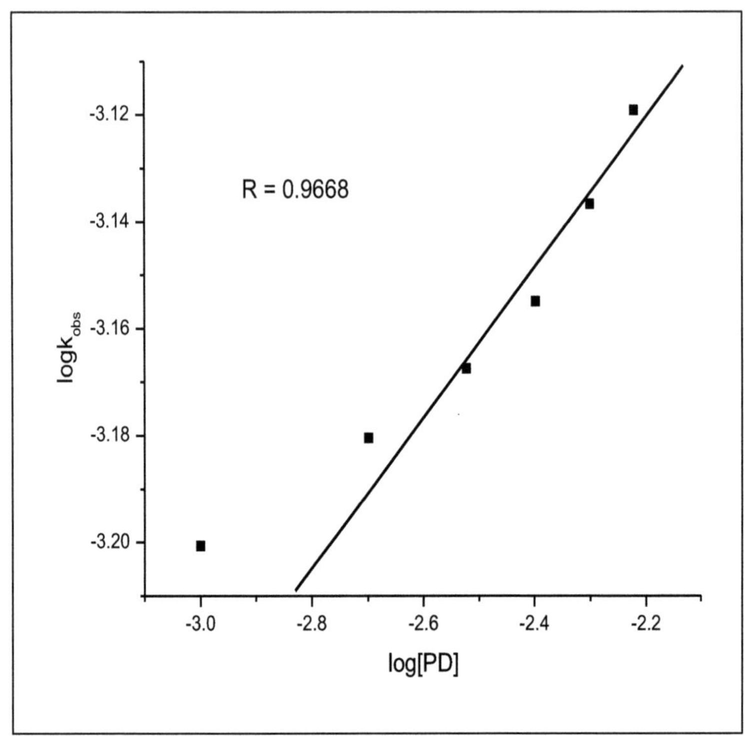

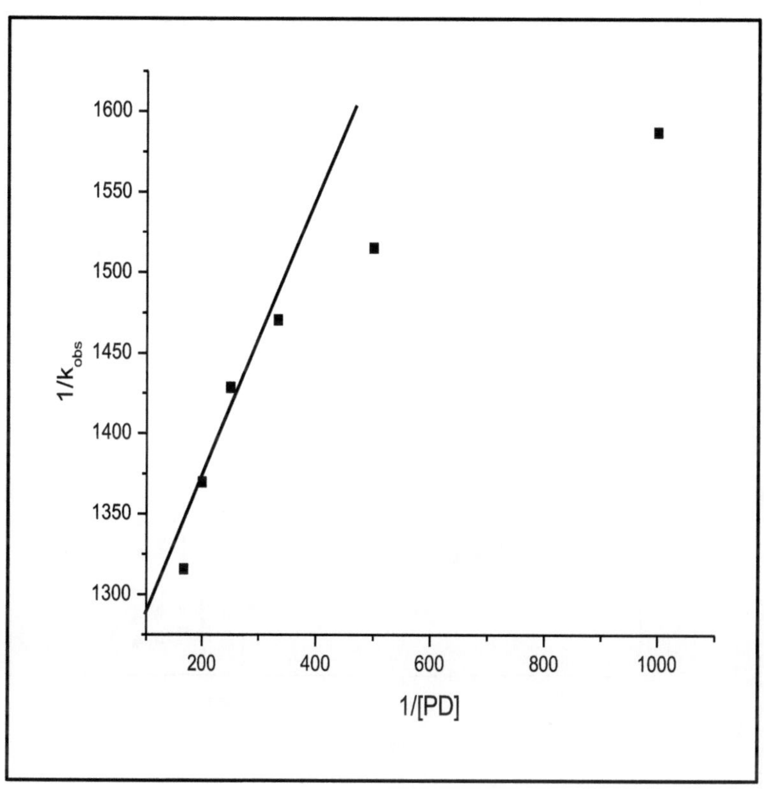
1600
1550
1500
1450
1400
1350
1300
1/k$_{obs}$
200
400
600
800
1000
1/[PD]

Figura 17:   Efeito da variação da concentração de ácido sulfúrico na taxa de oxidação da Domperidona

[PD] = 0,001mol dm^{-3} [DMP] = 0,01 mol dm^{-3} T = 303K

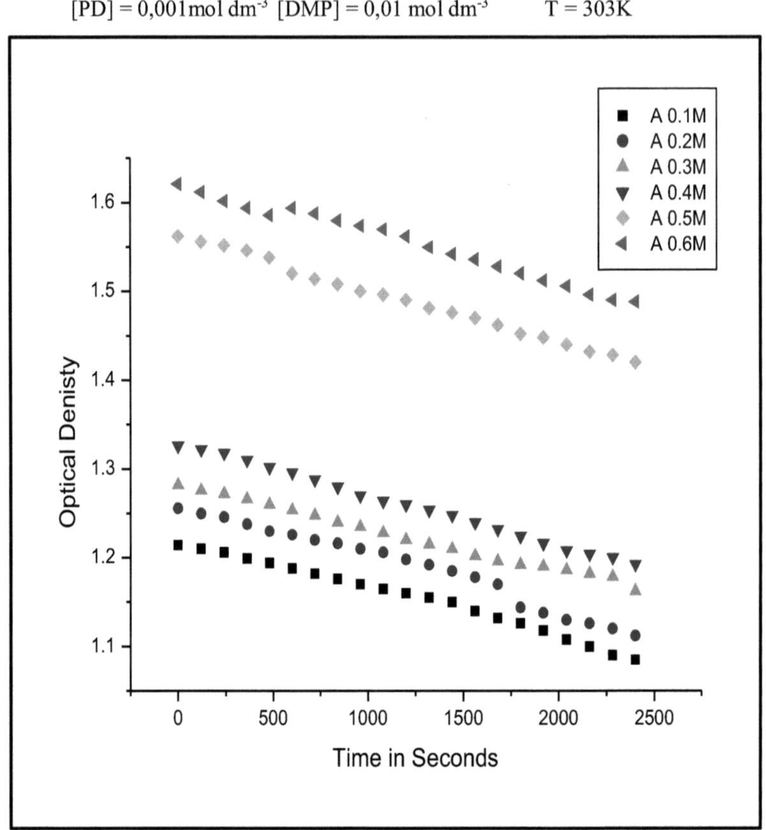

Figura 18: Efeito da variação da temperatura na taxa de oxidação da Domperidona

[PD] = 0,001mol dm^{-3} [DMP] = 0,01 mol dm^{-3} [H$_2$ SO$_4$] = 0,1 mol dm^{-3}

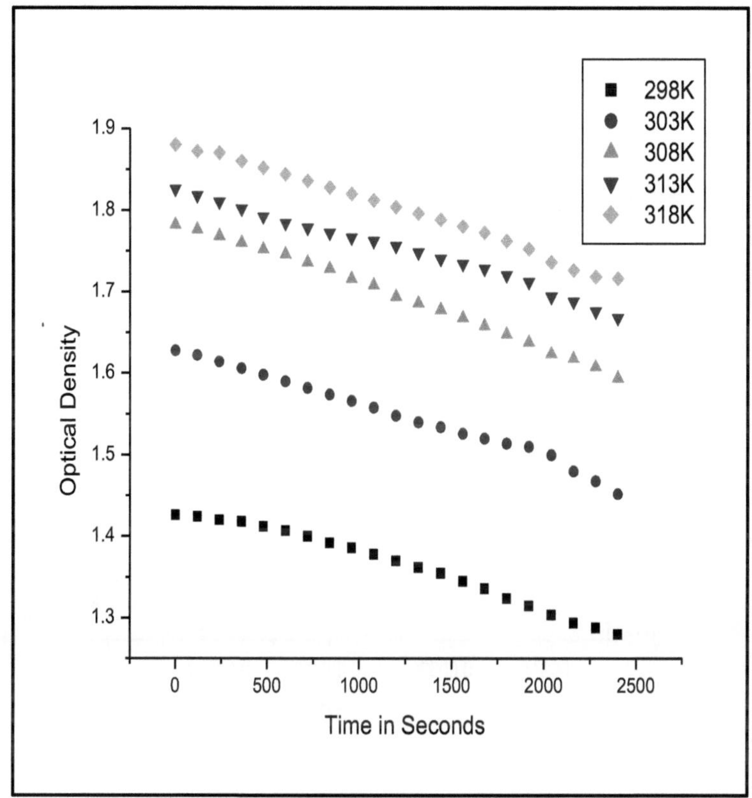

Figura 19:   Gráfico de 1/T versus logk/T para a taxa de oxidação da Domperidona

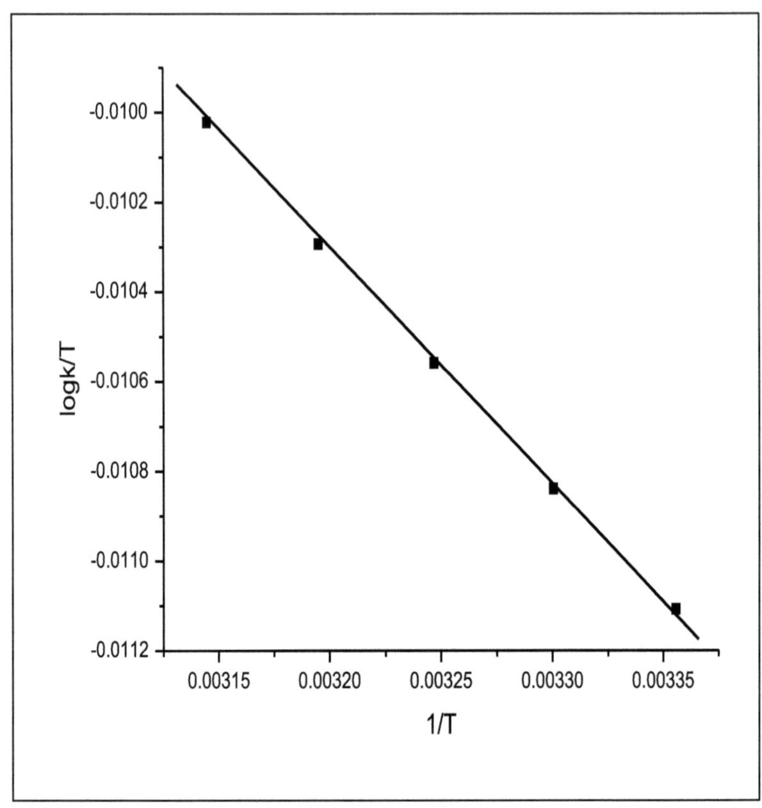

Tabela 11: Efeito da variação da concentração de Domperidona na velocidade de reação

$[PD] = 0,001$ mol dm^{-3} $[H_2 SO_4] = 0,1$ mol dm^{-3} T = 303K

[DMP] mol dm^{-3}	k s$_{obs}$$^{-1}$
0.01	0.00055
0.02	0.00058
0.03	0.00060
0.04	0.00063
0.05	0.00070

Tabela 12: Efeito da variação da concentração de dicromato de potássio na velocidade de reação

$[DMP] = 0,01$ mol dm^{-3} $[H_2 SO_4] = 0,1$ mol dm^{-3} T = 303K

[PD] mol dm^{-3}	k s$_{obs}$$^{-1}$
0.001	0.00063
0.002	0.00066
0.003	0.00068
0.004	0.00070
0.005	0.00076

Tabela 13: Efeito da variação da concentração de ácido sulfúrico na velocidade de reação

$[DMP] = 0,01$ mol dm^{-3} $[PD] = 0,001$ mol dm^{-3} T = 303K

[H$_2$ SO$_4$] mol dm^{-3}	k s$_{obs}$$^{-1}$

0.1	0.00055
0.2	0.00056
0.3	0.00056
0.4	0.00055
0.5	0.00056
0.6	0.00056

Tabela 14: Efeito da variação da temperatura

$[DMP] = 0,01$ mol dm^{-3} $[PD] = 0,001$ mol dm^{-3} $[H_2 SO_4] = 0,1$ mol dm^{-3}

Temperatura K	k s_{obs} $^{-1}$
298	0.00049
303	0.00052
308	0.00056
313	0.00060
318	0.00065

Quadro 15:   Parâmetros de ativação da domperidona

Parâmetros de ativação	
Ea	11,166 kJmol^{-1}
ΔH	8,5635 kJmol^{-1}
ΔS	-280,93 JK^{-1} mol^{-1}

ΔG	96,466 kJmol^{-1}

Tabela 16: Efeito da adição de NaCl na taxa de oxidação da Domperidona

$[PD] = 0,001$ mol dm^{-3} $[H_2 SO_4] = 0,1$ mol dm^{-3}

$[DMP] = 0,01$ mol dm^{-3} $T = 303K$

[NaCl] mol dm^{-3}	k s$_{obs}$ $^{-1}$
0.1	0.00052
0.2	0.00052
0.3	0.00053
0.4	0.00052
0.5	0.00053
0.6	0.00053

Tabela 17: Efeito da adição de KCl na taxa de oxidação da Domperidona

$[PD] = 0,001$ mol dm^{-3} $[H_2 SO_4] = 0,1$ mol dm^{-3}

$[DMP] = 0,01$ mol dm^{-3} $T = 303K$

[KCl] mol dm^{-3}	k s$_{obs}$ $^{-1}$
0.1	0.00049
0.2	0.00050
0.3	0.00050
0.4	0.00051
0.5	0.00049
0.6	0.00051

Tabela 18: Efeito da adição de KBr na taxa de oxidação da Domperidona

$[PD] = 0,001 \ mol \ dm^{-3}$ $[H_2 SO_4] = 0,1 \ mol \ dm^{-3}$

$[DMP] = 0,01 \ mol \ dm^{-3}$ $T = 303K$

[KBr] mol dm^{-3}	k s$_{obs}$ $^{-1}$
0.1	0.00056
0.2	0.00055
0.3	0.00056
0.4	0.00057
0.5	0.00057
0.6	0.00055

Tabela 19: Efeito da adição de MgCl$_2$ na taxa de oxidação da Domperidona

$[PD] = 0,001 \ mol \ dm^{-3}$ $[H_2 SO_4] = 0,1 \ mol \ dm^{-3}$

$[DMP] = 0,01 \ mol \ dm^{-3}$ $T = 303K$

[MgCl$_2$] mol dm^{-3}	k s$_{obs}$ $^{-1}$
0.1	0.00058
0.2	0.00058
0.3	0.00057
0.4	0.00056
0.5	0.00057
0.6	0.00057

Tabela 20: Efeito da adição de acrilonitrilo na taxa de oxidação da domperidona

$[PD] = 0,001 \ mol \ dm^{-3}$ $[H_2 SO_4] = 0,1 \ mol \ dm^{-3}$

[DMP] = 0,01 mol dm^{-3} T = 303K

[Acrilonitrilo] mol dm^{-3}	k s$_{obs}^{-1}$
0.01	0.00047
0.02	0.00047
0.03	0.00048
0.04	0.00048
0.05	0.00047
0.06	0.00047

RASAGILINA

Informações importantes:

Aspeto físico: Sólido

Nome IUPAC: (1R)-N-(prop-2-yn-1-yl)-2,3-dihydro-1H-inden-1-amine

Fórmula molecular: $C_{12}H_{13}N$

Peso molecular: 171,238

Ponto de fusão: 186-188 C°

Solubilidade em água: 0,0249 mg/ml

Carga fisiológica: 1

Refratividade: 54,47 m^3 .mol^{-1}

Polarizabilidade: 20,25 A^3

Estrutura:

Figura 20:   Efeito da variação da concentração de Rasagilina

$[PD] = 0,001 \text{mol dm}^{-3}$ $[H_2 SO_4] = 0,1 \text{ mol dm}^{-3}$ $T = 303K$

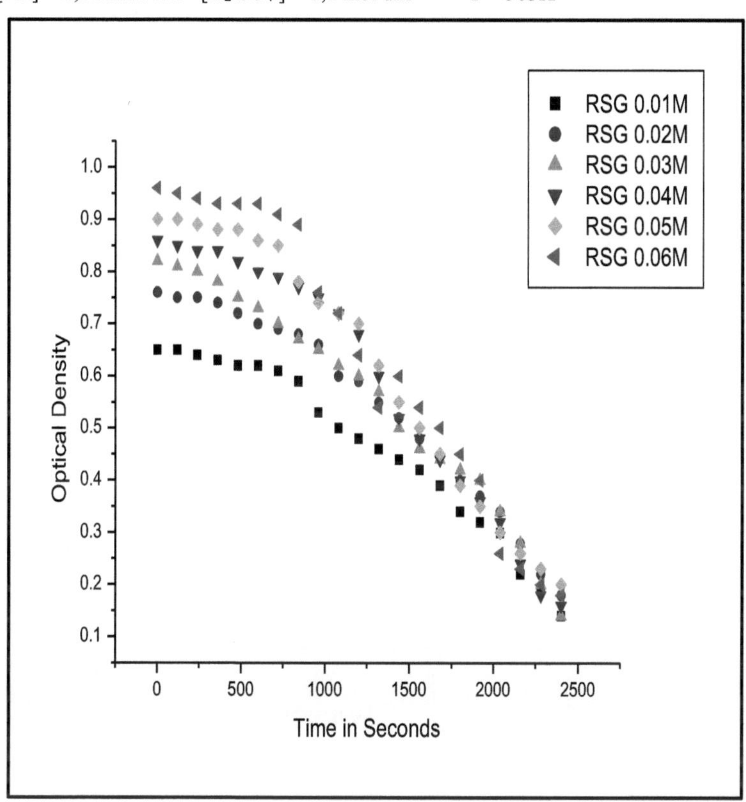

Figura 21: Gráfico de log [RSG] versus log kobs

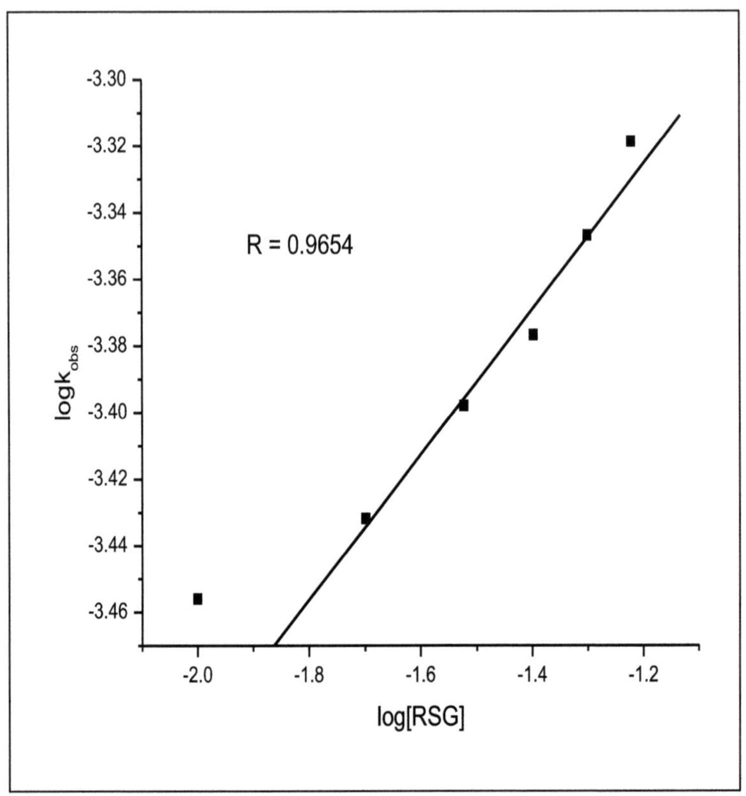

Figura 22: Gráfico de 1/[RSG] versus 1/k$_{obs}$

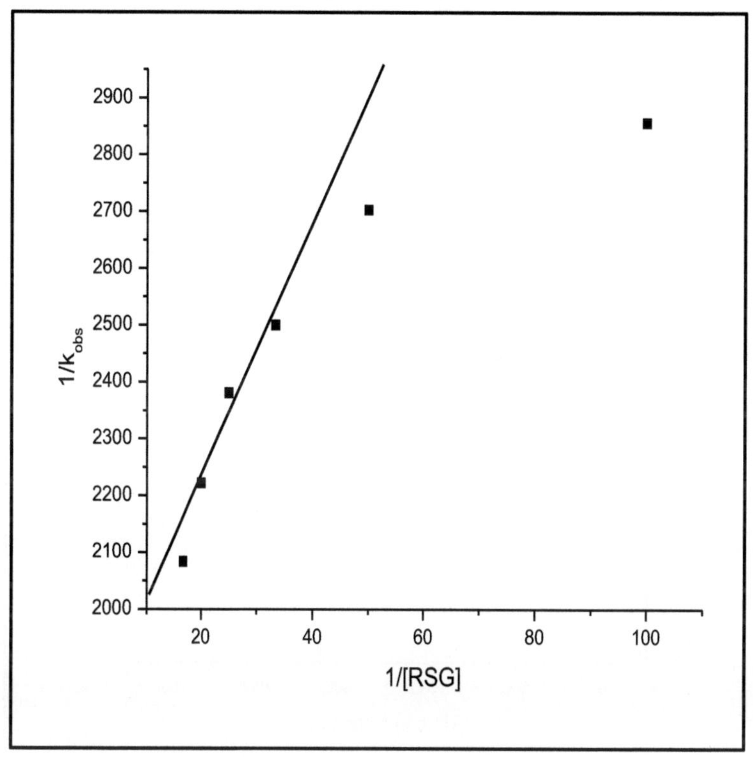

Figura 23: Efeito da variação da concentração de dicromato de potássio na taxa de oxidação da rasagilina

[RSG] = 0,01mol dm^{-3} [H$_2$ SO$_4$] = 0,1 mol dm^{-3} T = 303K

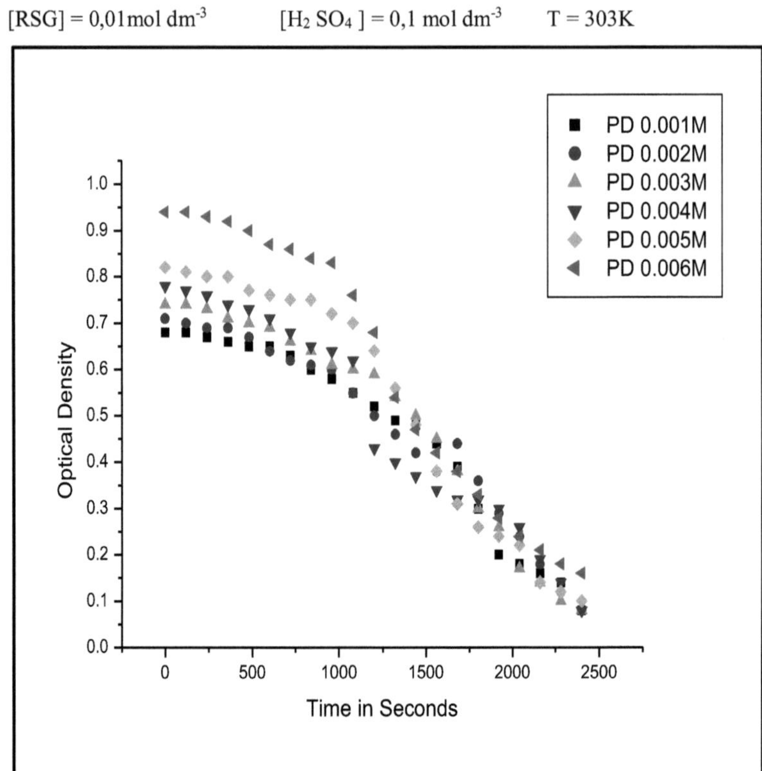

Figura 24: Gráfico de log [PD] versus log kobs para a taxa de oxidação da Rasagilina

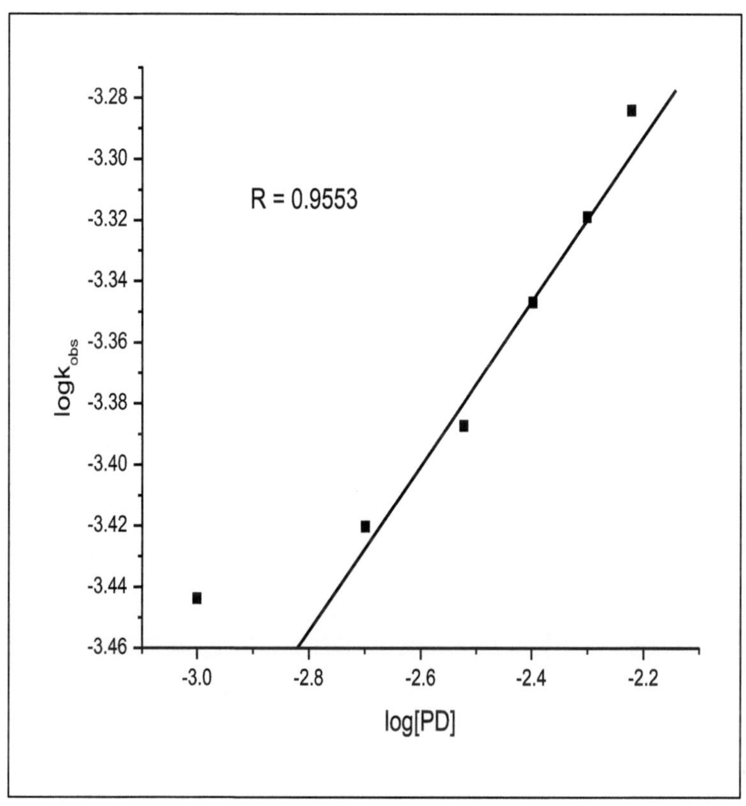

Figura 25: Gráfico de 1/ [PD] versus $1/k_{obs}$ para a taxa de oxidação da Rasagilina

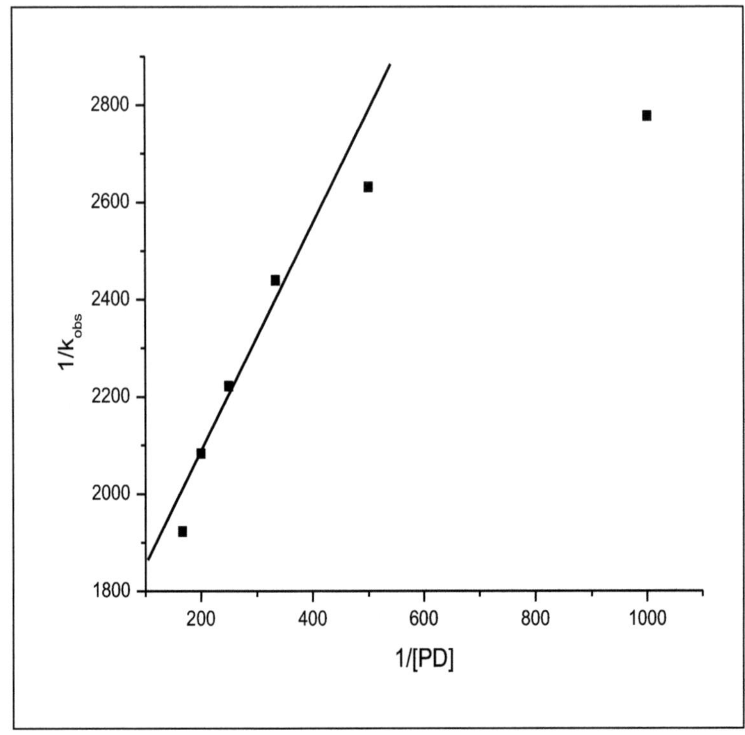

Figura 26:   Efeito da variação da concentração de ácido sulfúrico na taxa de oxidação da Rasagilina

[PD] = 0,001mol dm^{-3} [RSG] = 0,01 mol dm^{-3} T = 303K

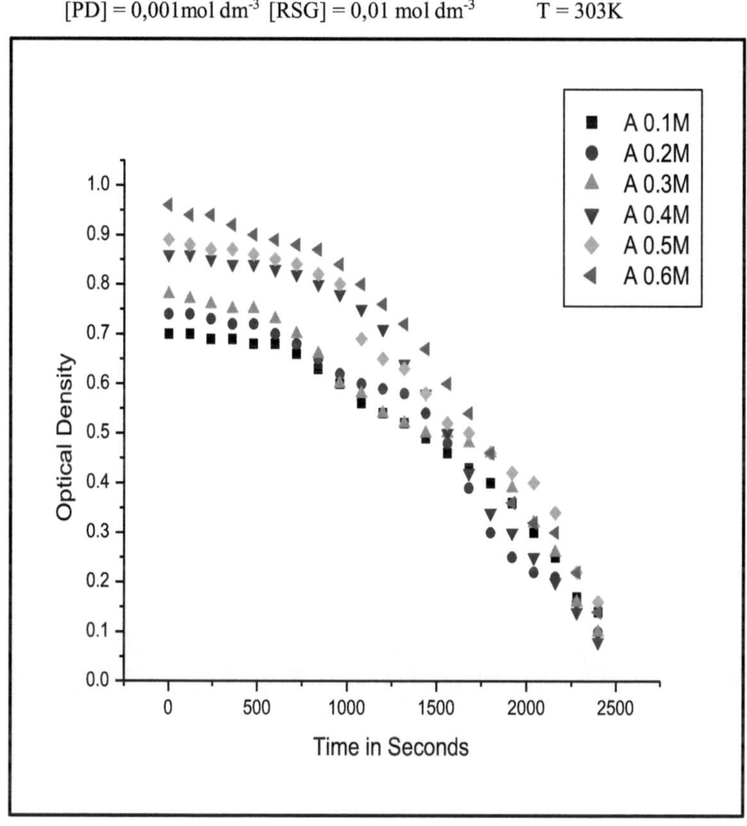

Figura 27: Efeito da variação da temperatura na taxa de oxidação de Rasagilina

[PD] = 0,001mol dm^{-3} [RSG] = 0,01 mol dm^{-3} [H$_2$ SO$_4$] = 0,1 mol dm $^{-3}$

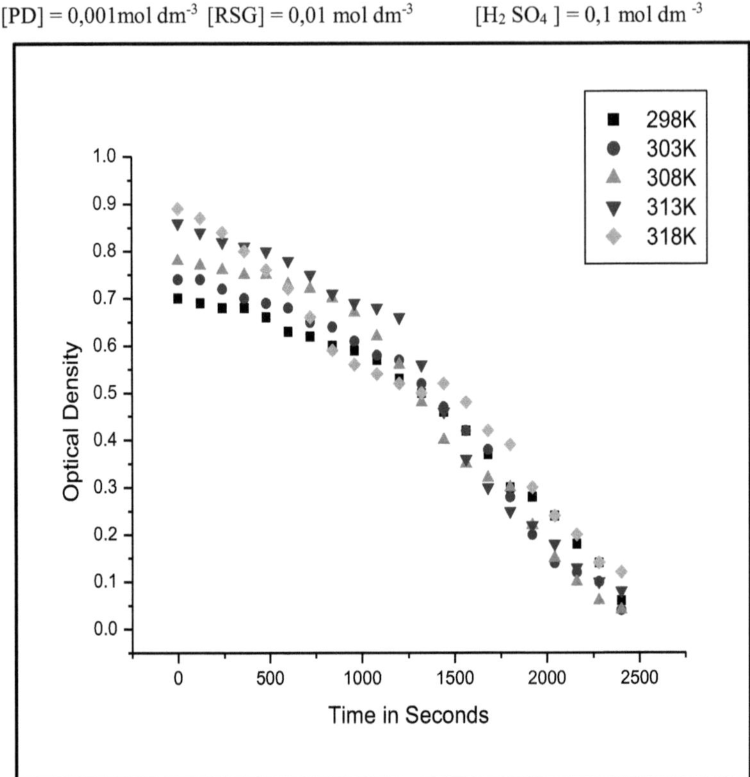

298K
303K
308K
313K
318K
1.0
0.9
0.8
0.7
0.6
0.5
0.4
0.3
0.2
0.1
0.0
Optical Density
0
500
1000
1500
2000
2500
Time in Seconds

Figura 28:   Gráfico de 1/T versus logk/T para a taxa de oxidação da Rasagilina

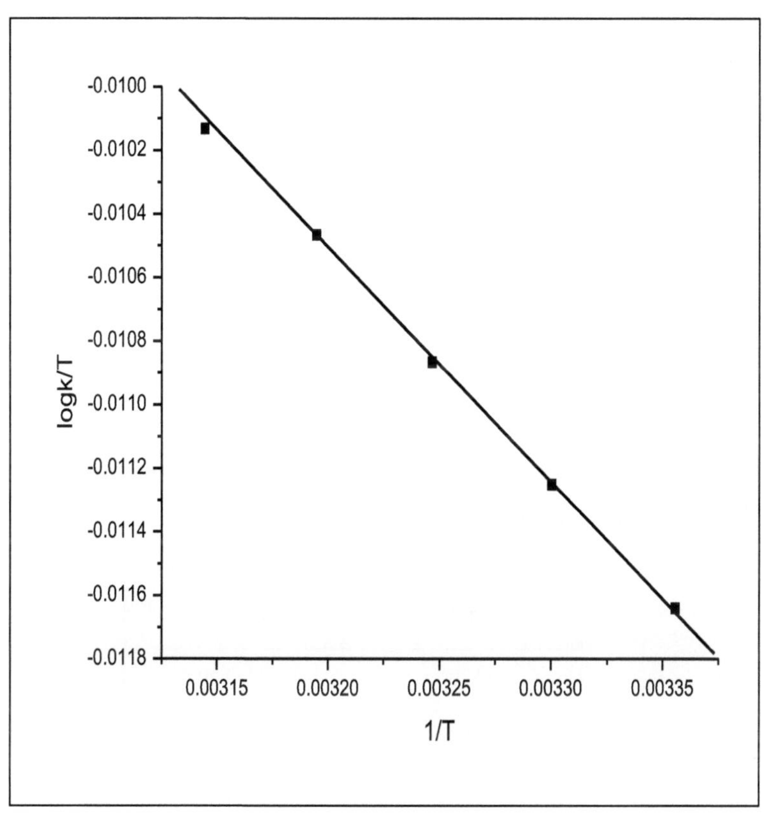

Tabela 21: Efeito da variação da concentração de Rasagilina na velocidade de reação

$[PD] = 0,001$ mol dm^{-3} $[H_2 SO_4] = 0,1$ mol dm^{-3} T = 303K

[RSG] mol dm^{-3}	k s$_{obs}$ $^{-1}$
0.01	0.00035
0.02	0.00037
0.03	0.00040
0.04	0.00042
0.05	0.00045
0.06	0.00048

Tabela 22: Efeito da variação da concentração de dicromato de potássio na velocidade de reação

$[RSG] = 0,01$ mol dm^{-3} $[H_2 SO_4] = 0,1$ mol dm^{-3} T = 303K

[PD] mol dm^{-3}	k s$_{obs}$ $^{-1}$
0.001	0.00036
0.002	0.00038
0.003	0.00041
0.004	0.00045
0.005	0.00048
0.006	0.00052

Tabela 23: Efeito da variação da concentração de ácido sulfúrico na velocidade de reação

$[RSG] = 0,01$ mol dm^{-3} $[PD] = 0,001$ mol dm^{-3} T = 303K

[$H_2 SO_4$] mol dm^{-3}	k s_{obs} $^{-1}$
0.1	0.00033
0.2	0.00035
0.3	0.00034
0.4	0.00033
0.5	0.00034
0.6	0.00035

Tabela 24: Efeito da variação da temperatura

[RSG] = 0,01 mol dm^{-3} [PD] = 0,001 mol dm^{-3} [$H_2 SO_4$] = 0,1 mol dm^{-3}

Temperatura K	k s_{obs} $^{-1}$
298	0.00034
303	0.00039
308	0.00045
313	0.00053
318	0.00060

Quadro 25: Parâmetros de ativação da rasagilina

Parâmetros de ativação	
Ea	22,413 kJmol^{-1}

ΔH	19,812 kJmol^{-1}
ΔS	-247,26 JK^{-1} mol^{-1}
ΔG	97,223 kJmol^{-1}

Tabela 26: Efeito da adição de NaCl na taxa de oxidação da Rasagilina

$[PD] = 0,001$ mol dm^{-3} $[H_2 SO_4] = 0,1$ mol dm^{-3}

$[RSG] = 0,01$ mol dm^{-3} $\qquad$ T = 303K

[NaCl] mol dm^{-3}	k s$_{obs}$ $^{-1}$
0.1	0.00038
0.2	0.00038
0.3	0.00038
0.4	0.00039
0.5	0.00039
0.6	0.00038

Tabela 27: Efeito da adição de KCl na taxa de oxidação da Rasagilina

$[PD] = 0,001$ mol dm^{-3} $\qquad$ $[H_2 SO_4] = 0,1$ mol dm^{-3}

$[RSG] = 0,01$ mol dm^{-3} $\qquad$ T = 303K

[KCl] mol dm^{-3}	k s$_{obs}$ $^{-1}$
0.1	0.00040
0.2	0.00040

0.3	0.00041
0.4	0.00041
0.5	0.00041
0.6	0.00041

Tabela 28: Efeito da adição de KBr na taxa de oxidação da Rasagilina

$[PD] = 0,001$ mol dm^{-3} $[H_2 SO_4] = 0,1$ mol dm^{-3}

$[RSG] = 0,01$ mol dm^{-3} $T = 303K$

[KBr] mol dm^{-3}	k s$_{obs}$ $^{-1}$
0.1	0.00037
0.2	0.00038
0.3	0.00039
0.4	0.00038
0.5	0.00039
0.6	0.00039

Tabela 29: Efeito da adição de MgCl$_2$ na taxa de oxidação da Rasagilina

$[PD] = 0,001$ mol dm^{-3} $[H_2 SO_4] = 0,1$ mol dm^{-3}

$[RSG] = 0,01$ mol dm^{-3} $T = 303K$

[MgCl$_2$] mol dm^{-3}	k s$_{obs}$ $^{-1}$
0.1	0.00036
0.2	0.00037
0.3	0.00038
0.4	0.00038
0.5	0.00037

0.6	0.00037

Tabela 30: Efeito da adição de acrilonitrilo na taxa de oxidação da rasagilina

$[PD] = 0,001 \text{ mol dm}^{-3}$ $[H_2 SO_4] = 0,1 \text{ mol dm}^{-3}$

$[RSG] = 0,01 \text{ mol dm}^{-3}$ $T = 303K$

[Acrilonitrilo] mol dm^{-3}	k s_{obs}^{-1}
0.01	0.00040
0.02	0.00040
0.03	0.00041
0.04	0.00040
0.05	0.00042
0.06	0.00042

3.4 QUETIAPINA

Informações importantes:

Aspeto físico: Sólido

Nome IUPAC: 2-[2-(4-{2-thia-9-azatricyclo[9.4.0.0^{3,8}]pentadeca-1(15),3,5,7,9,11,13-heptaen-10-yl}piperazin-1-yl)ethoxy]ethan-1-ol

Fórmula molecular: C21H25N O S$_{32}$

Peso molecular: 383,507

Ponto de fusão: 186-188 C°

Solubilidade em água: 0,0403mg/ml

Carga fisiológica: 1

Refratividade: 114,09 m^3 .mol^{-1}

Polarizabilidade: 42,78 A^3

Estrutura:

Figura 29:   Efeito da variação da concentração de quetiapina

[PD] = 0,001mol dm^{-3} [H$_2$ SO$_4$] = 0,1 mol dm^{-3} T = 303K

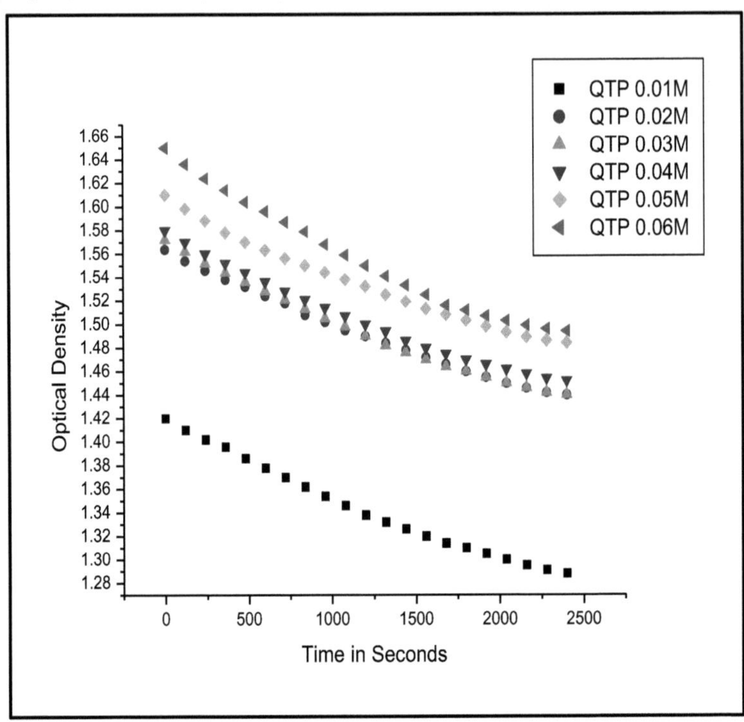

Figura 30:   Gráfico de log [QTP] versus log kobs

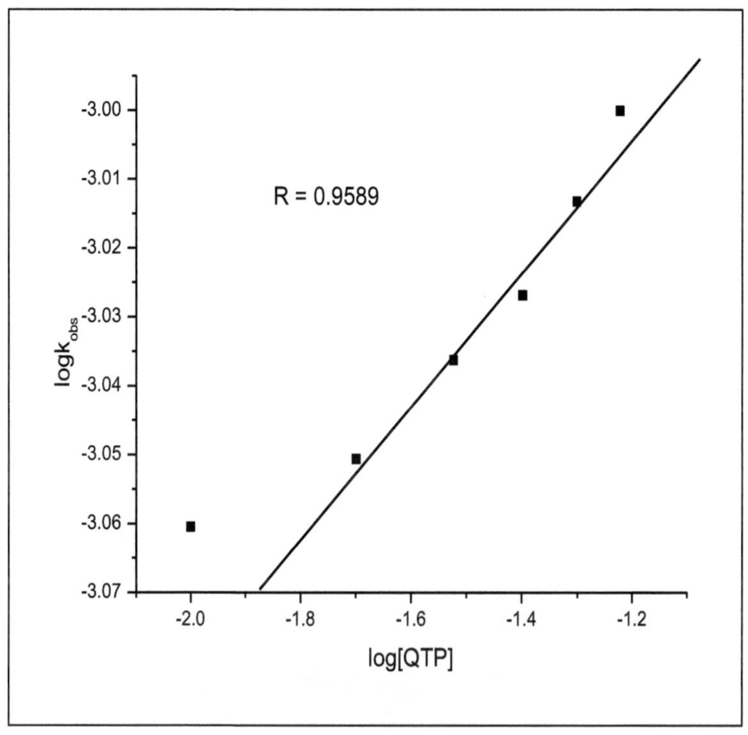
R = 0.9589
logk_obs
-3.00
-3.01
-3.02
-3.03
-3.04
-3.05
-3.06
-3.07
-2.0
-1.8
-1.6
-1.4
-1.2
log[QTP]

Figura 31:   **Gráfico de 1/[QTP] versus 1/k_{obs}**

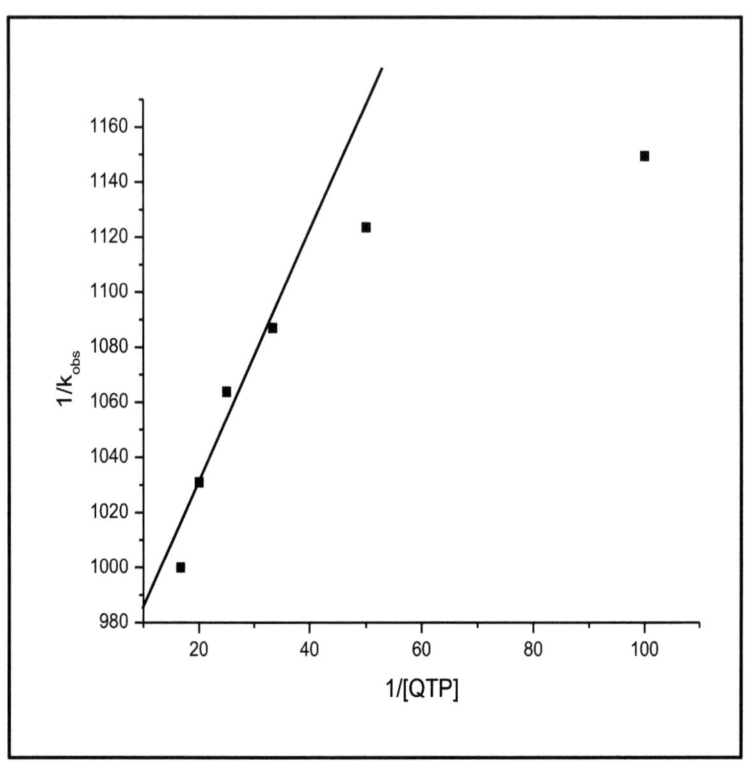

Figura 32: Efeito da variação da concentração de dicromato de potássio na taxa de oxidação da quetiapina

$[QTP] = 0,01 \text{mol dm}^{-3}$ $\qquad$ $[H_2 SO_4] = 0,1 \text{ mol dm}^{-3}$ $\qquad$ $T = 303K$

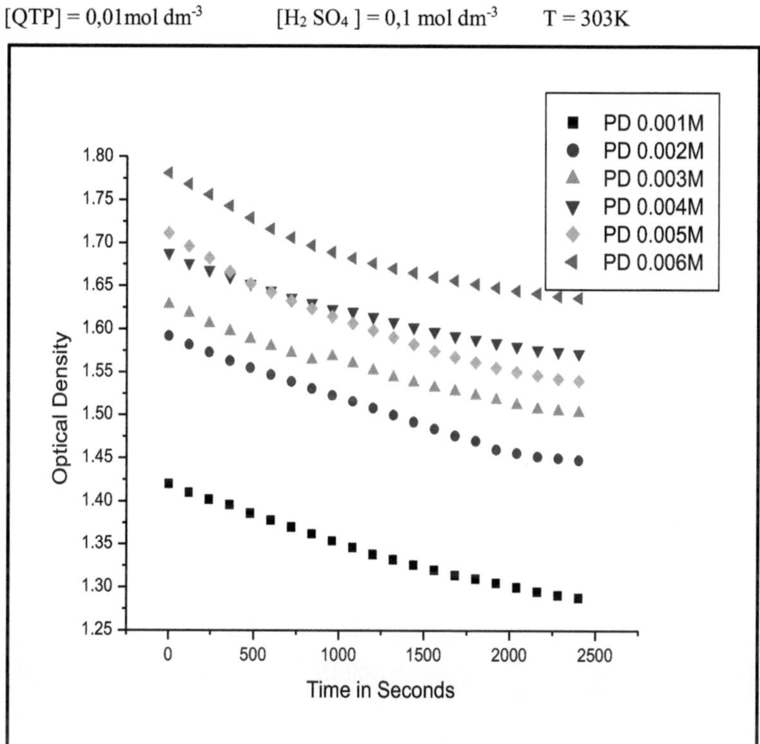

Figura 33: **Gráfico de log [PD] versus log kobs para a taxa de oxidação da quetiapina**

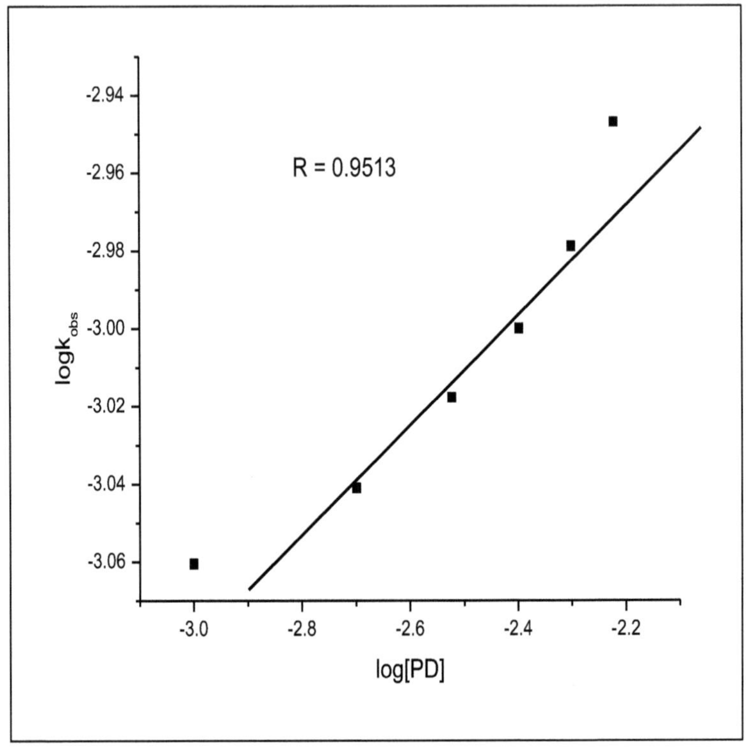

Figura 34: Gráfico de 1/ [PD] versus 1/k para a taxa de oxidação da quetiapina

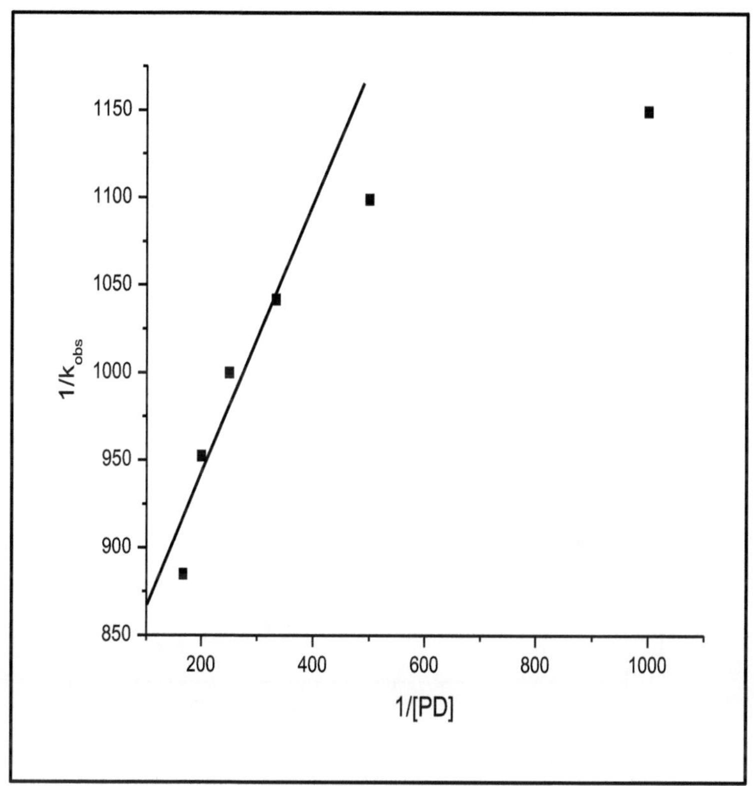

Figura 35:   Efeito da variação da concentração de ácido sulfúrico na taxa de oxidação da quetiapina

[PD] = 0,001mol dm^{-3} [QTP] = 0,01 mol dm^{-3} T = 303K

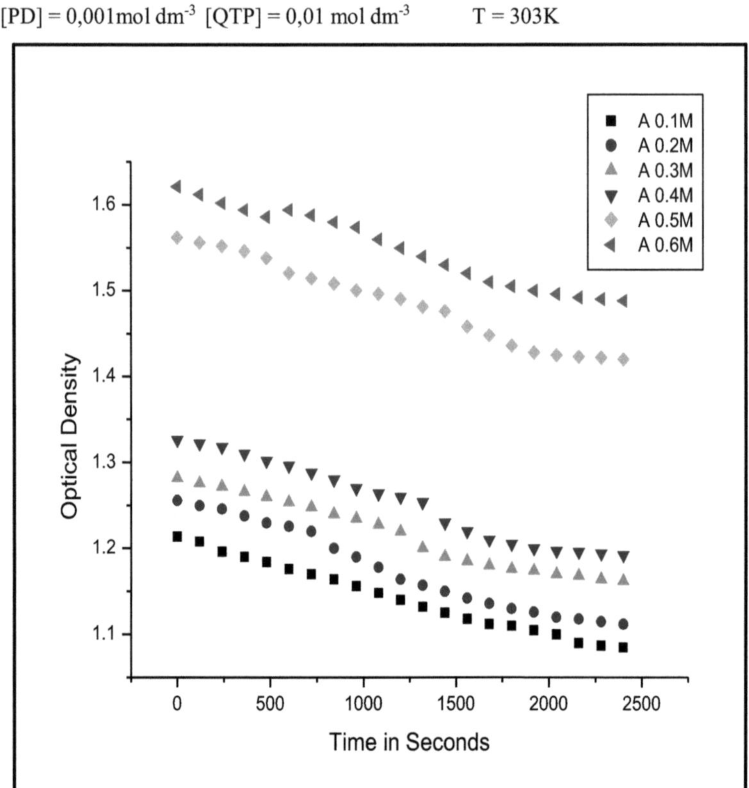

Figura 36:   Efeito da variação da temperatura na taxa de oxidação de

Quetiapina

[PD] = 0,001mol dm^{-3} [QTP] = 0,01 mol dm^{-3} [H$_2$ SO$_4$] = 0,1 mol dm $^{-3}$

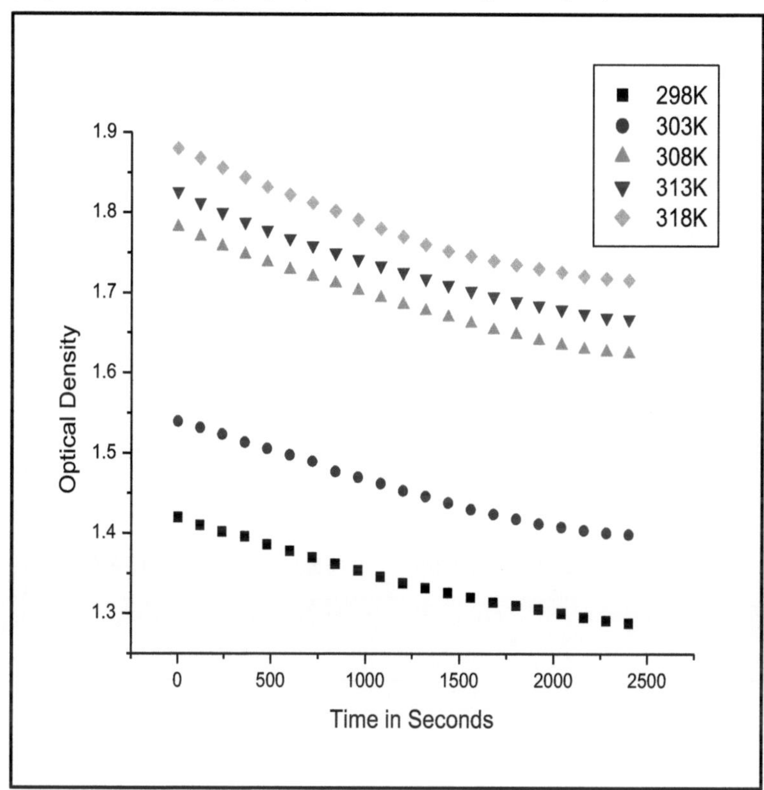

298K
303K
308K
313K
318K
1.9
1.8
1.7
1.6
1.5
1.4
1.3
Optical Density
0
500
1000
1500
2000
2500
Time in Seconds

Figura 37: **Gráfico de 1/T versus logk/T para a taxa de oxidação da quetiapina**

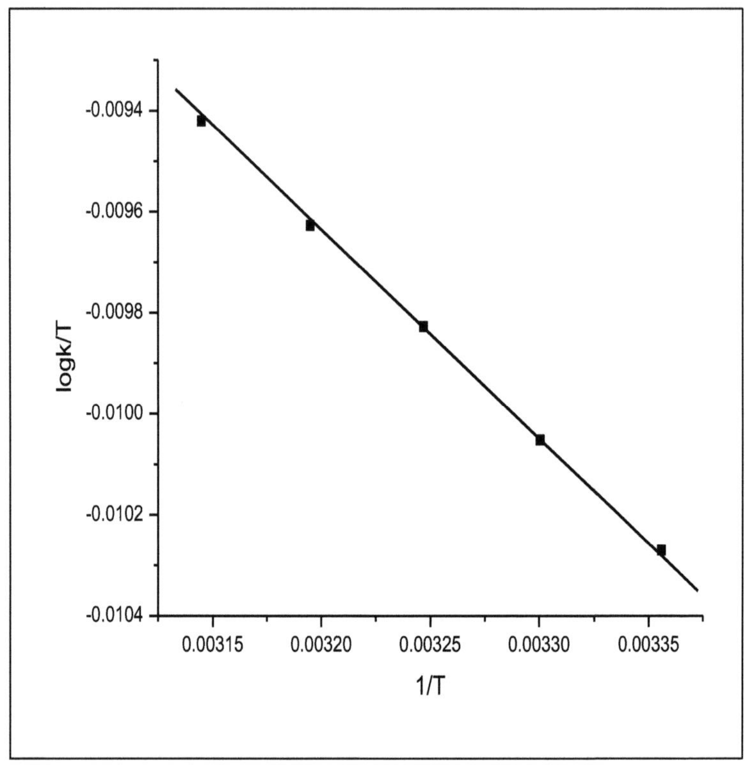

Tabela 31: Efeito da variação da concentração de quetiapina na velocidade de reação

$[PD] = 0,001$ mol dm^{-3} $[H_2 SO_4] = 0,1$ mol dm^{-3} T = 303K

[QTP] mol dm^{-3}	k s$_{obs}$ $^{-1}$
0.01	0.00087
0.02	0.00089
0.03	0.00092
0.04	0.00094
0.05	0.00097
0.06	0.0010

Tabela 32: Efeito da variação da concentração de dicromato de potássio na velocidade de reação

$[QTP] = 0,01$ mol dm^{-3} $[H_2 SO_4] = 0,1$ mol dm^{-3} T = 303K

[PD] mol dm^{-3}	k s$_{obs}$ $^{-1}$
0.001	0.00087
0.002	0.00091
0.003	0.00096
0.004	0.00100
0.005	0.00105
0.006	0.00113

Tabela 33: Efeito da variação da concentração de ácido sulfúrico na velocidade de reação

$[QTP] = 0,01$ mol dm^{-3} $[PD] = 0,001$ mol dm^{-3} T = 303K

$[H_2 SO_4]$ mol dm^{-3}	k s$_{obs}$ $^{-1}$
0.1	0.00082
0.2	0.00083
0.3	0.00083
0.4	0.00084
0.5	0.00084
0.6	0.00085

Tabela 34: Efeito da variação da temperatura

$[QTP] = 0,01$ mol dm^{-3} $[PD] = 0,001$ mol dm^{-3} $[H_2 SO_4] = 0,1$ mol dm^{-3}

Temperatura K	k s$_{obs}$ $^{-1}$
298	0.00087
303	0.00090
308	0.00094
313	0.00097
318	0.00101

Quadro 35: Parâmetros de ativação da quetiapina

Parâmetros de ativação

Ea	5,878 kJmol^{-1}
ΔH	3,276 kJmol^{-1}
ΔS	-296,69 JK^{-1} mol^{-1}
ΔG	95,045 kJmol^{-1}

Tabela 36: Efeito da adição de NaCl na taxa de oxidação da quetiapina

$[PD] = 0,001$ mol dm^{-3} $[H_2 SO_4] = 0,1$ mol dm^{-3}

$[QTP] = 0,01$ mol dm^{-3} $T = 303K$

[NaCl] mol dm^{-3}	k s_{obs} $^{-1}$
0.1	0.00080
0.2	0.00080
0.3	0.00081
0.4	0.00082
0.5	0.00082
0.6	0.00083

Tabela 37:   Efeito da adição de KCl na taxa de oxidação da quetiapina

$[PD] = 0,001$ mol dm^{-3} $[H_2 SO_4] = 0,1$ mol dm^{-3}

$[QTP] = 0,01$ mol dm^{-3} $T = 303K$

[KCl] mol dm^{-3}	k s_{obs} $^{-1}$

0.1	0.00078
0.2	0.00078
0.3	0.00078
0.4	0.00079
0.5	0.00080
0.6	0.00080

Tabela 38: Efeito da adição de KBr na taxa de oxidação da quetiapina

$[PD] = 0,001$ mol dm^{-3} $[H_2 SO_4] = 0,1$ mol dm^{-3}

$[QTP] = 0,01$ mol dm^{-3} $\qquad$ T = 303K

[KBr] mol dm^{-3}	k s$_{obs}$$^{-1}$
0.1	0.00080
0.2	0.00080
0.3	0.00081
0.4	0.00082
0.5	0.00083
0.6	0.00083

Tabela 39: Efeito da adição de MgCl$_2$ na taxa de oxidação da quetiapina

$[PD] = 0,001$ mol dm^{-3} $[H_2 SO_4] = 0,1$ mol dm^{-3}

$[QTP] = 0,01$ mol dm^{-3} $\qquad$ T = 303K

[MgCl$_2$] mol dm^{-3}	k s$_{obs}$$^{-1}$

0.1	0.00083
0.2	0.00083
0.3	0.00084
0.4	0.00085
0.5	0.00085
0.6	0.00085

Tabela 40: Efeito da adição de acrilonitrilo na taxa de oxidação da quetiapina

$[PD] = 0,001$ mol dm^{-3} $[H_2 SO_4] = 0,1$ mol dm^{-3}

$[QTP] = 0,01$ mol dm^{-3} $T = 303K$

[Acrilonitrilo] mol dm^{-3}	$k\ s_{obs}^{-1}$
0.01	0.00088
0.02	0.00089
0.03	0.00089
0.04	0.00090
0.05	0.00091
0.06	0.00091

3.5 VOGLIBOSE

Informações importantes:

Aspeto físico: Sólido

Nome IUPAC: Ácido (3S)-3-(aminometil)-5-metil hexanóico

Fórmula molecular: $C H_{817} NO_2$

Peso molecular: 159,226

Ponto de fusão: 186-188 C°

Ponto de ebulição: 274° C a 760 mm Hg

Solubilidade em água: Livremente solúvel

Carga fisiológica: 0

Refratividade: 43,68 m^3 .mol^{-1}

Polarizabilidade: 18,08 A^3

Estrutura:

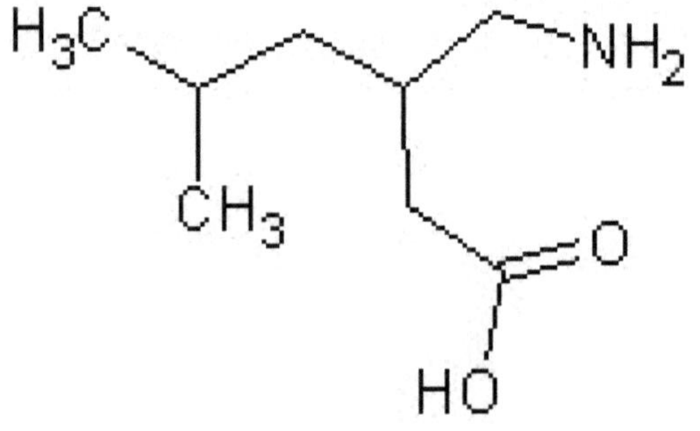

Figura 38:   Efeito da variação da concentração de Voglibose

[PD] = 0,001mol dm^{-3} [H$_2$ SO$_4$] = 0,1 mol dm^{-3} T = 303K

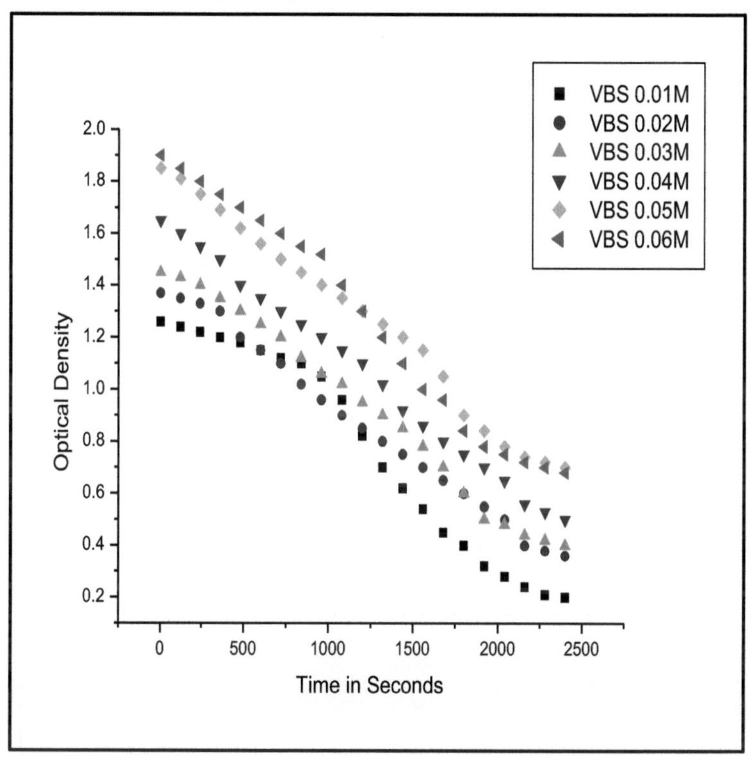

Figura 39:   **Gráfico de log [VBS] versus log kobs**

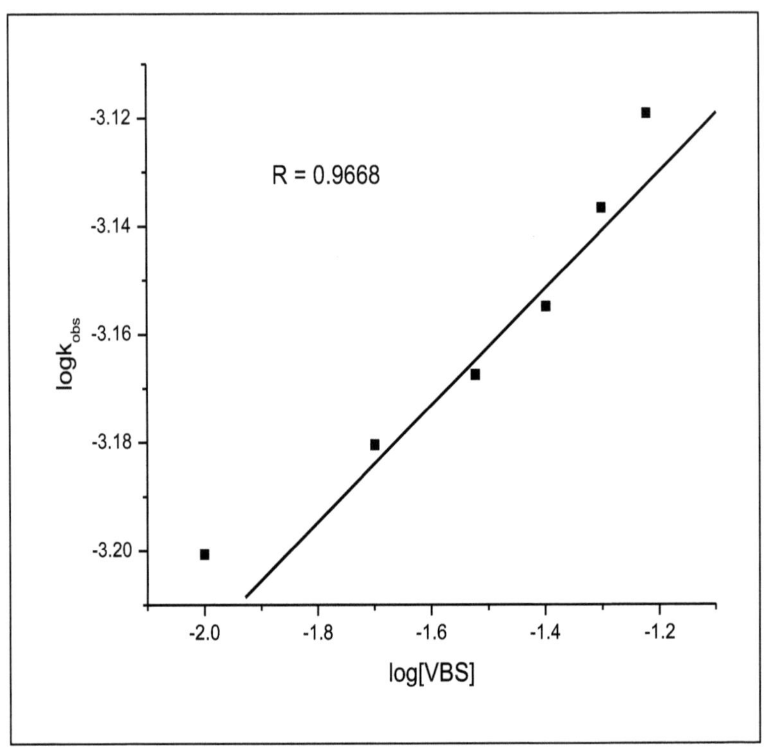

Figura 40: Gráfico de 1/[VBS] versus 1/k$_{obs}$

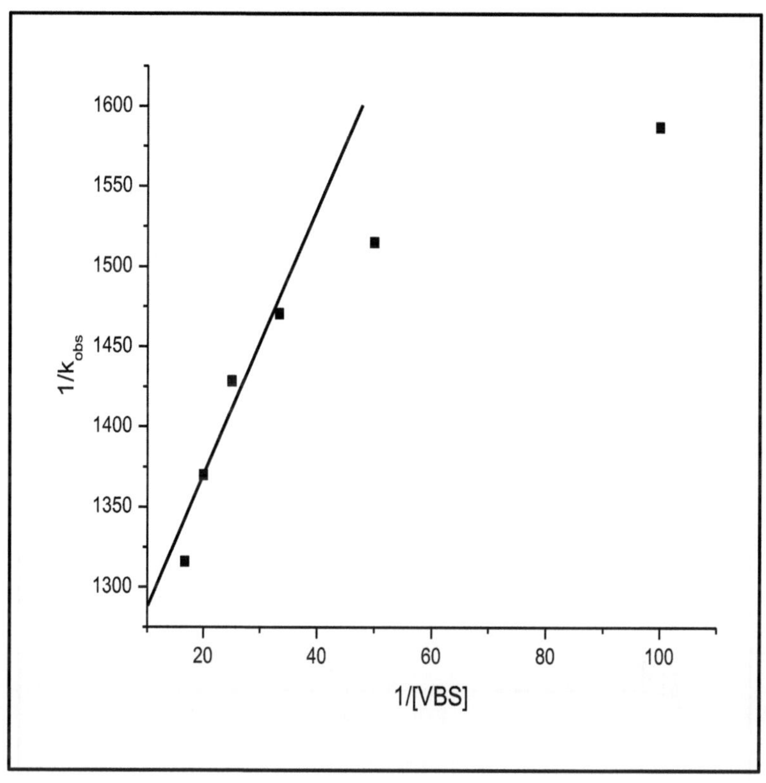

Figura 41:   Efeito da variação da concentração de dicromato de potássio na taxa de oxidação da Voglibose

[VBS] = 0,01mol dm^{-3} [H$_2$ SO$_4$] = 0,1 mol dm^{-3} T = 303K

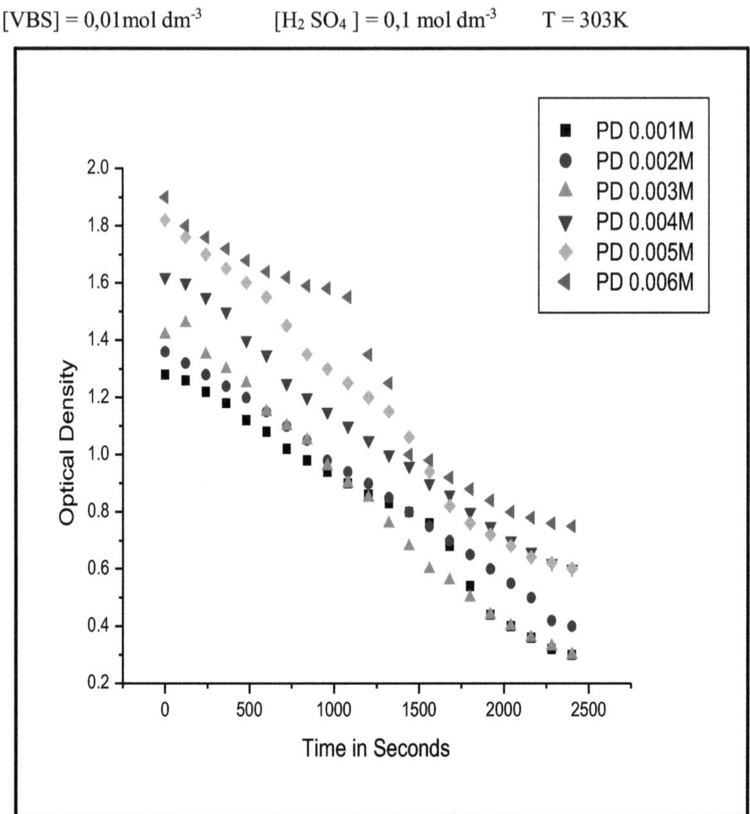

Figura 42: **Gráfico de log [PD] versus log kobs para a taxa de oxidação da Voglibose**

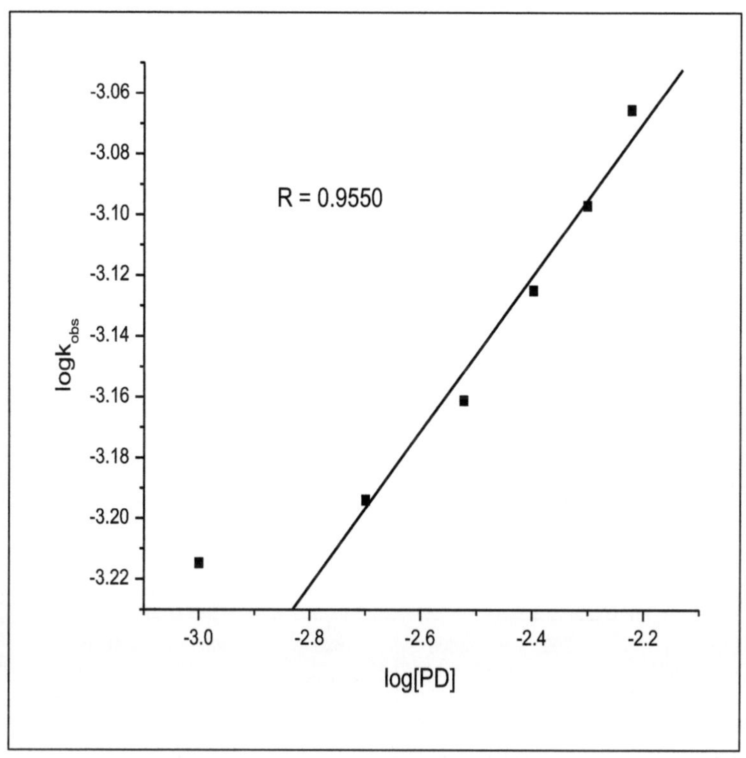

Figura 43: Gráfico de 1/ [PD] versus 1/k para a taxa de oxidação da Voglibose

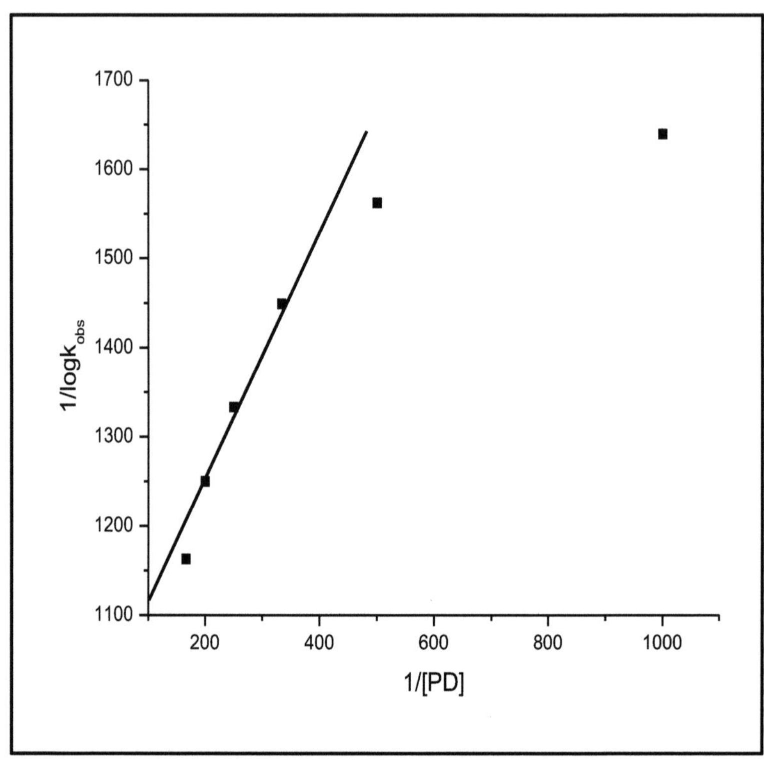

Figura 44:   Efeito da variação da concentração de ácido sulfúrico na taxa de oxidação da Voglibose

$[PD] = 0,001\,mol\,dm^{-3}$ $[VBS] = 0,01\,mol\,dm^{-3}$ $T = 303K$

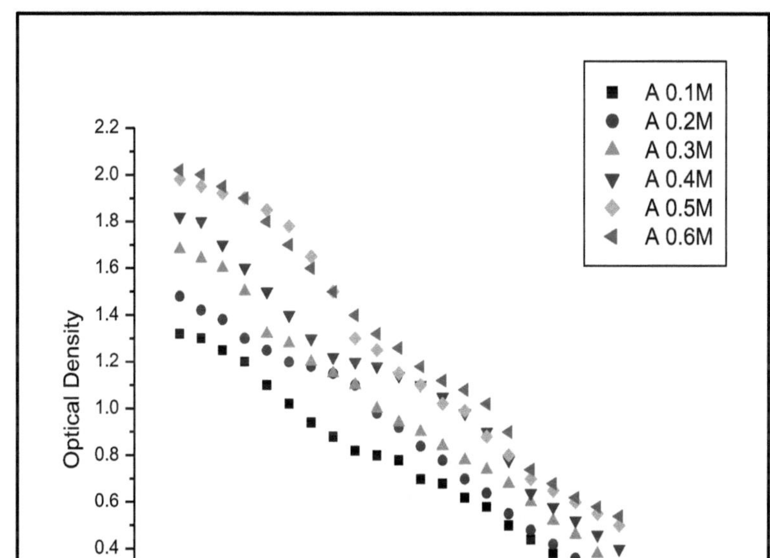

Figura 45:   Efeito da variação da temperatura na taxa de oxidação de Voglibose

[PD] = 0,001mol dm^{-3} [VBS] = 0,01 mol dm^{-3} [H$_2$ SO$_4$] = 0,1 mol dm^{-3}

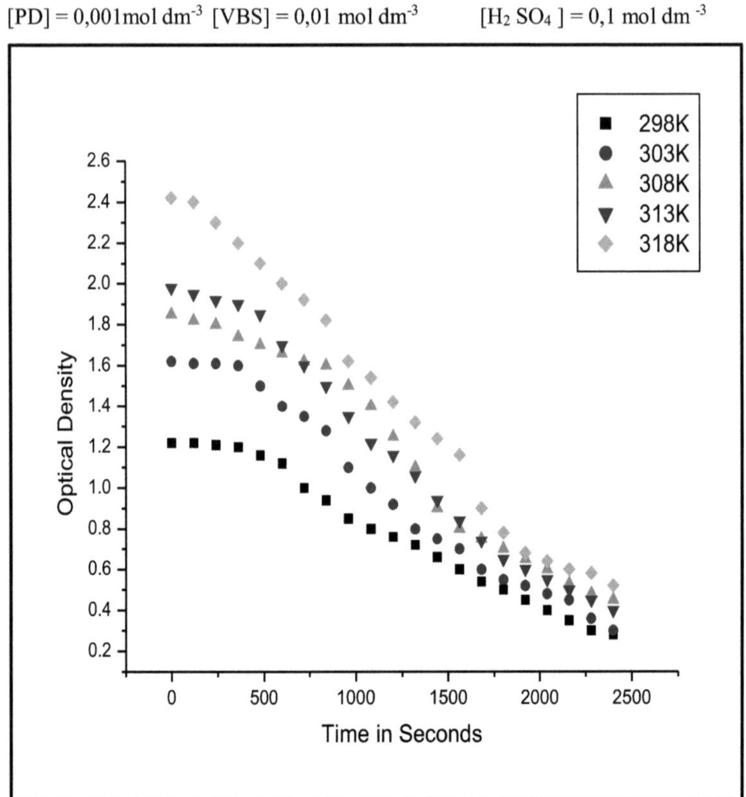

Figura 46:   Gráfico de 1/T versus logk/T para a taxa de oxidação da Voglibose

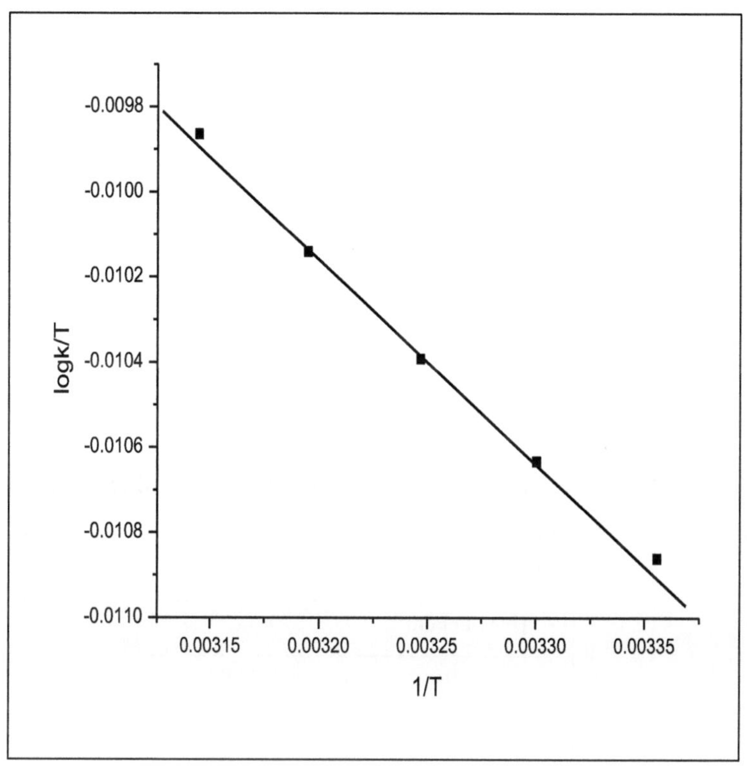

Tabela 41: Efeito da variação da concentração de Voglibose na velocidade de reação

$[PD] = 0,001$ mol dm^{-3} $[H_2 SO_4] = 0,1$ mol dm^{-3} $T = 303K$

[VBS] mol dm^{-3}	k s_{obs} $^{-1}$
0.01	0.00063
0.02	0.00066
0.03	0.00068
0.04	0.00070
0.05	0.00073
0.06	0.00076

Tabela 42: Efeito da variação da concentração de dicromato de potássio na velocidade de reação

$[VBS] = 0,01$ mol dm^{-3} $[H_2 SO_4] = 0,1$ mol dm^{-3} $T = 303K$

[PD] mol dm^{-3}	k s_{obs} $^{-1}$
0.001	0.00061
0.002	0.00064
0.003	0.00069
0.004	0.00075
0.005	0.00080
0.006	0.00086

Tabela 43: Efeito da variação da concentração de ácido sulfúrico na velocidade de reação

[VBS] = 0,01 mol dm^{-3} [PD] = 0,001 mol dm^{-3} T = 303K

[H$_2$ SO$_4$] mol dm^{-3}	k s$_{obs}$ $^{-1}$
0.1	0.00064
0.2	0.00064
0.3	0.00065
0.4	0.00066
0.5	0.00065
0.6	0.00066

Quadro 44:   **Efeito da variação da temperatura**

[VBS] = 0,01 mol dm^{-3} [PD] = 0,001 mol dm^{-3} [H$_2$ SO$_4$] = 0,1 mol dm $^{-3}$

Temperatura K	k s$_{obs}$ $^{-1}$
298	0.00058
303	0.00060
308	0.00063
313	0.00067
318	0.00073

Quadro 45:   **Parâmetros de ativação da Voglibose**

Parâmetros de ativação

Ea	9,156 kJmol^{-1}
ΔH	6,553 kJmol^{-1}
ΔS	-286,03 JK^{-1} mol^{-1}
ΔG	97,096 kJmol^{-1}

Tabela 46: Efeito da adição de NaCl na taxa de oxidação da Voglibose

$[PD] = 0,001$ mol dm^{-3} $[H_2 SO_4] = 0,1$ mol dm^{-3}

$[VBS] = 0,01$ mol dm^{-3} $T = 303K$

[NaCl] mol dm^{-3}	k s$_{obs}$ $^{-1}$
0.1	0.00058
0.2	0.00059
0.3	0.00060
0.4	0.00059
0.5	0.00059
0.6	0.00060

Tabela 47: Efeito da adição de KCl na taxa de oxidação da Voglibose

$[PD] = 0,001$ mol dm^{-3} $[H_2 SO_4] = 0,1$ mol dm^{-3}

$[VBS] = 0,01$ mol dm^{-3} $T = 303K$

[KCl] mol dm^{-3}	k s$_{obs}$ $^{-1}$

0.1	0.00060
0.2	0.00060
0.3	0.00061
0.4	0.00060
0.5	0.00059
0.6	0.00060

Tabela 48: Efeito da adição de KBr na taxa de oxidação da Voglibose

$[PD] = 0,001$ mol dm^{-3} $[H_2 SO_4] = 0,1$ mol dm^{-3}

$[VBS] = 0,01$ mol dm^{-3} $T = 303K$

[KBr] mol dm^{-3}	k s$_{obs}$ $^{-1}$
0.1	0.00060
0.2	0.00060
0.3	0.00060
0.4	0.00061
0.5	0.00059
0.6	0.00060

Tabela 49: Efeito da adição de MgCl$_2$ na taxa de oxidação da Voglibose

$[PD] = 0,001$ mol dm^{-3} $[H_2 SO_4] = 0,1$ mol dm^{-3}

$[VBS] = 0,01$ mol dm^{-3} $T = 303K$

[MgCl$_2$] mol dm^{-3}	k s$_{obs}$ $^{-1}$
0.1	0.00057

0.2	0.00058
0.3	0.00058
0.4	0.00059
0.5	0.00058
0.6	0.00058

Tabela 50: Efeito da adição de acrilonitrilo na taxa de oxidação da Voglibose

$[PD] = 0,001\ mol\ dm^{-3}$ $[H_2 SO_4] = 0,1\ mol\ dm^{-3}$

$[VBS] = 0,01\ mol\ dm^{-3}$ $T = 303K$

[Acrilonitrilo] mol dm^{-3}	k s$_{obs}$$^{-1}$
0.01	0.00062
0.02	0.00062
0.03	0.00061
0.04	0.00062
0.05	0.00063
0.06	0.00062

3.6 CETRIZINA

Informações importantes:

Aspeto físico: Sólido

Nome IUPAC: Ácido (3S)-3-(aminometil)-5-metil hexanóico

Fórmula molecular: $C H_{817} NO_2$

Peso molecular: 159,226

Ponto de fusão: 186-188 C°

Ponto de ebulição: 274° C a 760 mm Hg

Solubilidade em água: Livremente solúvel

Carga fisiológica: 0

Refratividade: 43,68 m^3 .mol^{-1}

Polarizabilidade: 18,08 A^3

Estrutura:

Figura 47: Efeito da variação da concentração de cloridrato de cetrizina

[PD] = 0,001mol dm^{-3} [H$_2$ SO$_4$] = 0,1 mol dm^{-3} T = 303K

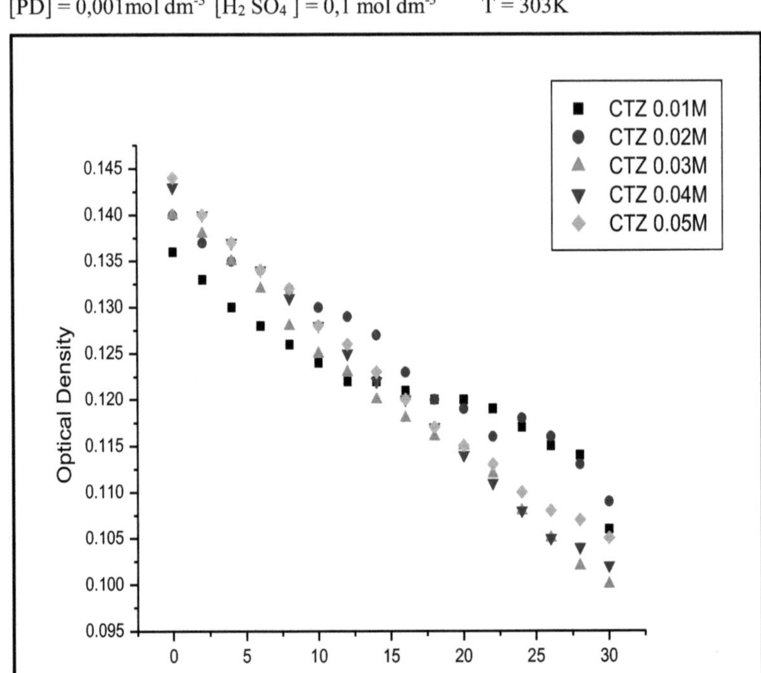

CTZ 0.01M
CTZ 0.02M
CTZ 0.03M
CTZ 0.04M
CTZ 0.05M
Optical Density
Time in Seconds

Figura 48:   **Gráfico de log [CTZ] versus log kobs**

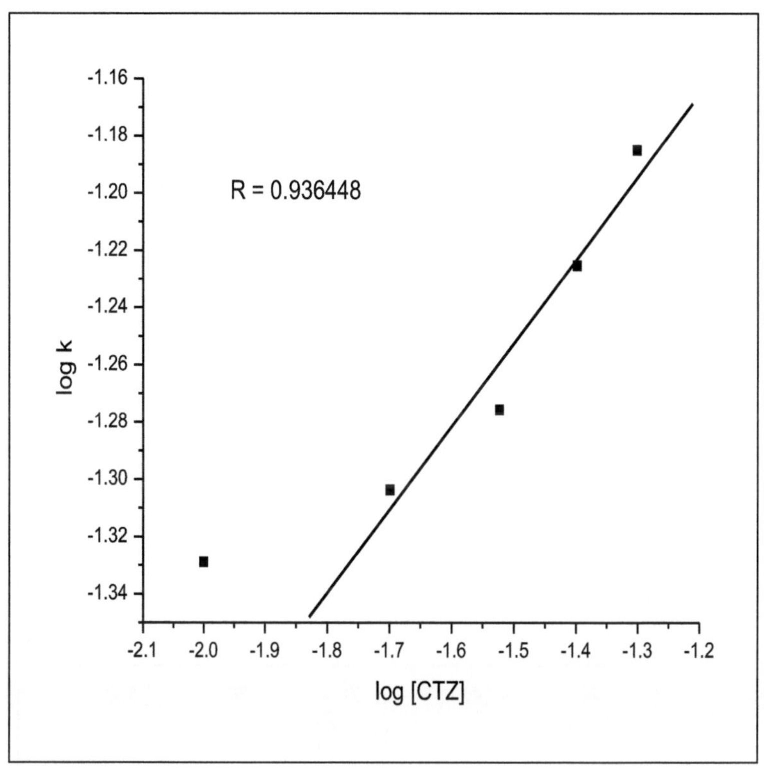

Figura 49:   Gráfico de 1/[CTZ] versus 1/k_{obs}

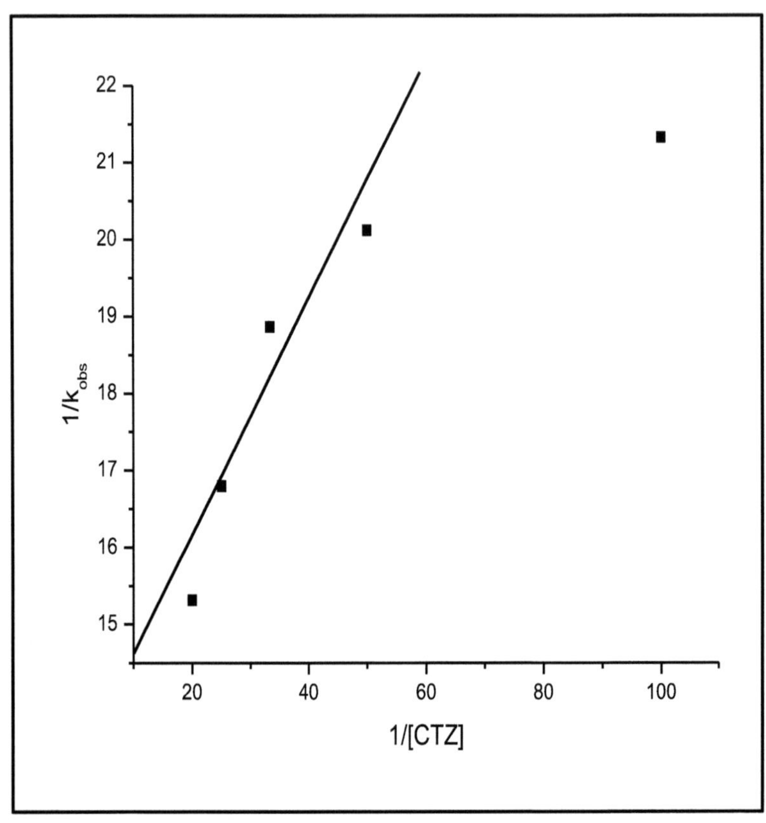

1/k_{obs}
1/[CTZ]

Figura 50: Efeito da variação da concentração de dicromato de potássio na taxa de oxidação do cloridrato de cetrizina

[CTZ] = 0,01 mol dm^{-3} [H$_2$ SO$_4$] = 0,1 mol dm^{-3} T = 303K

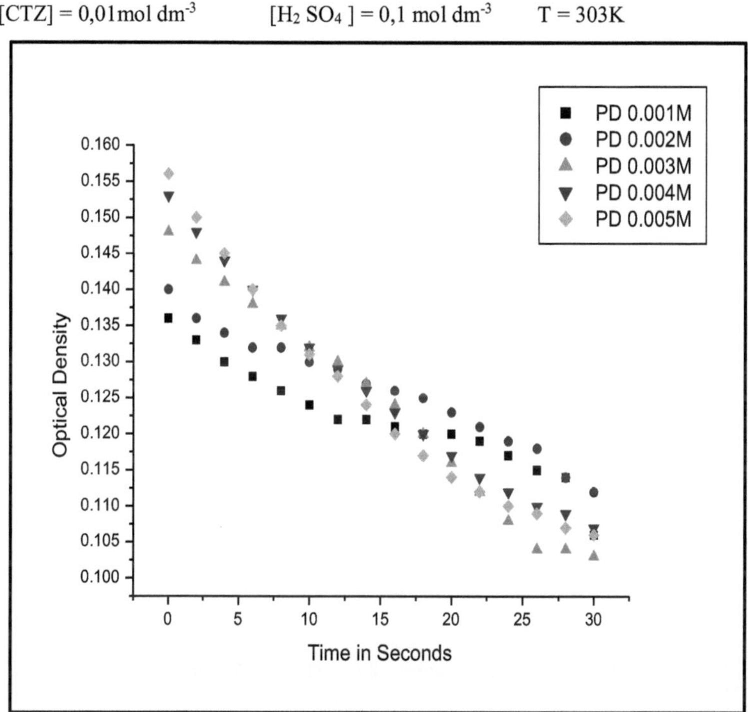

Figura 51: Gráfico de log [PD] versus log kobs para a taxa de oxidação do cloridrato de cetrizina

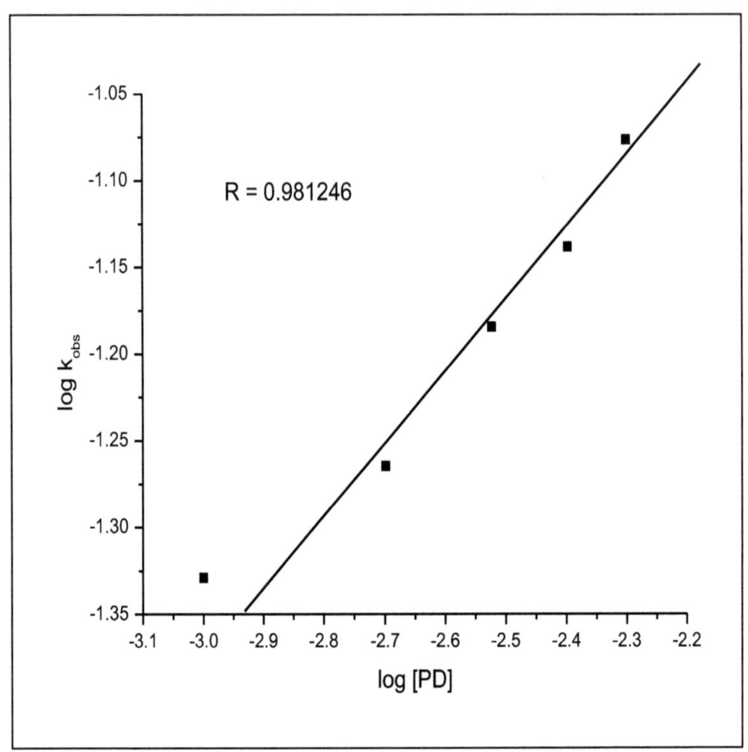

Figura 52: Gráfico de 1/ [PD] versus 1/k_{obs} para a taxa de oxidação
do cloridrato de cetrizina

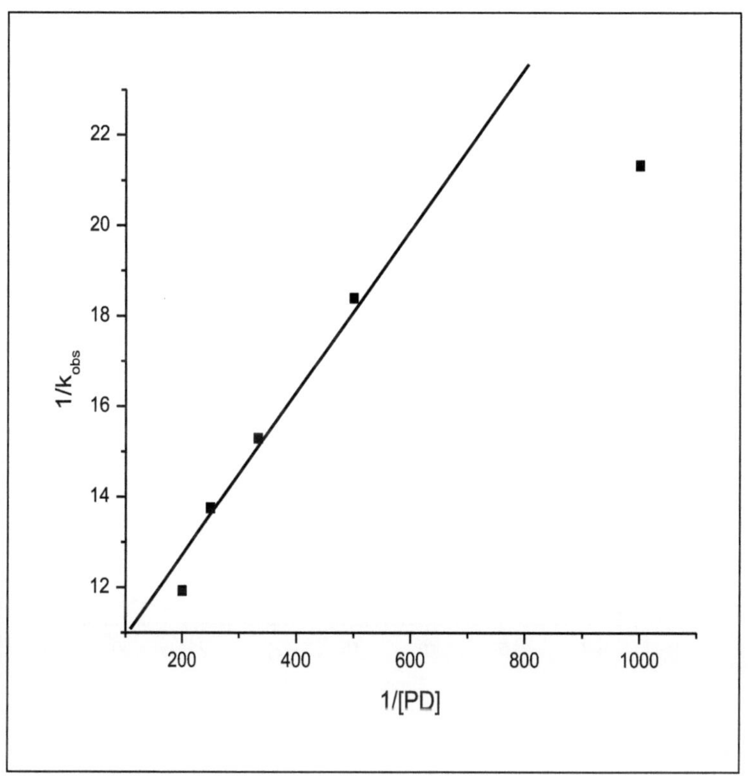

22
20
18
16
14
12
1/k_{obs}
200
400
600
800
1000
1/[PD]

Figura 53:   Efeito da variação da concentração de ácido sulfúrico na taxa de oxidação do cloridrato de cetrizina

[PD] = 0,001mol dm^{-3} [CTZ] = 0,01 mol dm^{-3} T = 303K

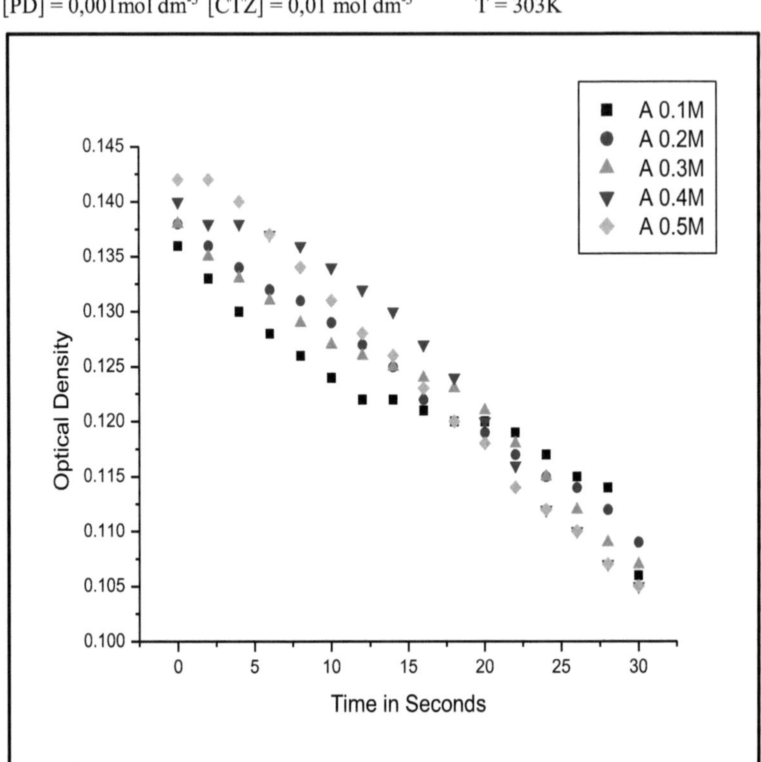

A 0.1M
A 0.2M
A 0.3M
A 0.4M
A 0.5M
Optical Density
Time in Seconds

Figura 54:   Efeito da variação da temperatura na taxa de oxidação de

Cloridrato de cetrizina

[PD] = 0,001mol dm^{-3} [CTZ] = 0,01 mol dm^{-3} [H$_2$ SO$_4$] = 0,1 mol dm $^{-3}$

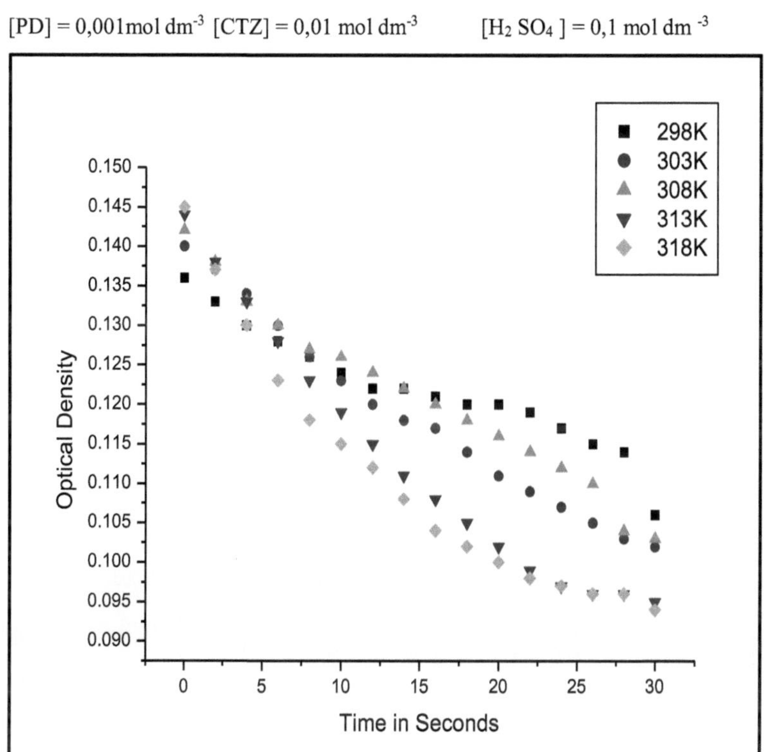

Figura 55:   Gráfico de 1/T versus logk/T para a taxa de oxidação do cloridrato de cetrizina

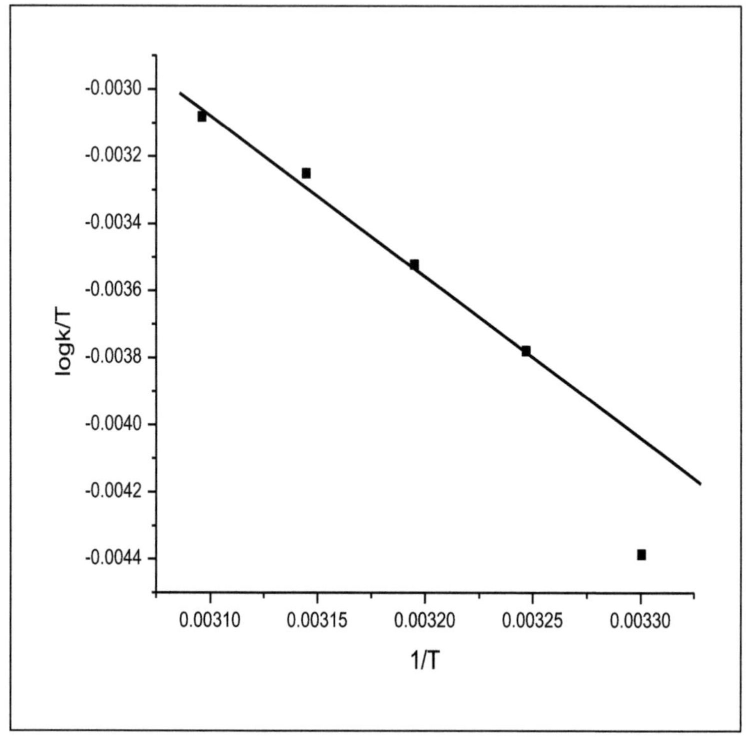

Tabela 51: Efeito da variação da concentração de cloridrato de cetrizina na velocidade de reação

$[PD] = 0,001$ mol dm^{-3} $[H_2 SO_4] = 0,1$ mol dm^{-3} T = 303K

[CTZ] mol dm^{-3}	k s$_{obs}$ $^{-1}$
0.01	0.0469
0.02	0.0497
0.03	0.05301
0.04	0.05953
0.05	0.06531

Tabela 52: Efeito da variação da concentração de dicromato de potássio na velocidade de reação

$[CTZ] = 0,01$ mol dm^{-3} $[H_2 SO_4] = 0,1$ mol dm^{-3} T = 303K

[PD] mol dm^{-3}	k s$_{obs}$ $^{-1}$
0.001	0.04689
0.002	0.05439
0.003	0.06541
0.004	0.07274
0.005	0.08387

Tabela 53: Efeito da variação da concentração de ácido sulfúrico na velocidade de reação

$[CTZ] = 0,01$ mol dm^{-3} $[PD] = 0,001$ mol dm^{-3} T = 303K

[H$_2$ SO$_4$] mol dm^{-3}	k s$_{obs}$ $^{-1}$

0.1	0.04689
0.2	0.04968
0.3	0.04903
0.4	0.04734
0.5	0.04617

Quadro 54:   Efeito da variação da temperatura

$[CTZ] = 0,01$ mol dm^{-3} $[PD] = 0,001$ mol dm^{-3} $[H_2 SO_4] = 0,1$ mol dm^{-3}

Temperatura K	k s$_{obs}$$^{-1}$
298	0.04689
303	0.06851
308	0.07898
313	0.09252
318	0.10104

Quadro 55:   Parâmetros de ativação para o cloridrato de cetrizina

Parâmetros de ativação	
Ea	30,917 kJmol^{-1}
ΔH	28,272 kJmol^{-1}

ΔS	$-178{,}33 \ JK^{-1} \ mol^{-1}$
ΔG	$84{,}09 \ kJmol^{-1}$

Tabela 56: Efeito da adição de NaCl na taxa de oxidação do Cloridrato de Cetrizina

$[PD] = 0{,}001 \ mol \ dm^{-3}$ $[H_2 SO_4] = 0{,}1 \ mol \ dm^{-3}$

$[CTZ] = 0{,}01 \ mol \ dm^{-3}$ $T = 303K$

$[NaCl] \ mol \ dm^{-3}$	$k \ s_{obs}^{-1}$
0.1	0.0469
0.2	0.0470
0.3	0.0469
0.4	0.0470
0.5	0.0471

Tabela 57: Efeito da adição de KCl na taxa de oxidação do cloridrato de cetrizina

$[PD] = 0{,}001 \ mol \ dm^{-3}$ $[H_2 SO_4] = 0{,}1 \ mol \ dm^{-3}$

$[CTZ] = 0{,}01 \ mol \ dm^{-3}$ $T = 303K$

$[KCl] \ mol \ dm^{-3}$	$k \ s_{obs}^{-1}$
0.1	0.0466
0.2	0.0466
0.3	0.0468
0.4	0.0467
0.5	0.0468

Tabela 58: Efeito da adição de KBr na taxa de oxidação do cloridrato de cetrizina

$[PD] = 0,001$ mol dm^{-3} $[H_2 SO_4] = 0,1$ mol dm^{-3}
$[CTZ] = 0,01$ mol dm^{-3} $T = 303K$

[KBr] mol dm^{-3}	k s$_{obs}$ $^{-1}$
0.1	0.0467
0.2	0.0467
0.3	0.0467
0.4	0.0468
0.5	0.0468

Tabela 59: Efeito da adição de MgCl$_2$ na taxa de oxidação do cloridrato de cetrizina

$[PD] = 0,001$ mol dm^{-3} $[H_2 SO_4] = 0,1$ mol dm^{-3}
$[CTZ] = 0,01$ mol dm^{-3} $T = 303K$

[MgCl$_2$] mol dm^{-3}	k s$_{obs}$ $^{-1}$
0.1	0.0465
0.2	0.0465
0.3	0.0466
0.4	0.0466
0.5	0.0466

Tabela 60: Efeito da adição de acrilonitrilo na taxa de oxidação do cloridrato de cetrizina

$[PD] = 0,001$ mol dm^{-3} $[H_2 SO_4] = 0,1$ mol dm^{-3}
$[CTZ] = 0,01$ mol dm^{-3} $T = 303K$

[Acrilonitrilo] mol dm^{-3}	k s_{obs}^{-1}
0.01	0.0470
0.02	0.0470
0.03	0.0469
0.04	0.0470
0.05	0.0471

CAPÍTULO IV

DISCUSSÕES

CAPÍTULO IV- DEBATES

4.1 OXIDAÇÃO DA PREGABALINA PELO POTÁSSIO DICROMATO EM MEIO ÁCIDO

Para estudar o efeito da alteração da concentração de pregabalina, dicromato de potássio e ácido sulfúrico na oxidação à temperatura ambiente, utilizando o espetrofotómetro UV-visível, foram utilizadas diferentes concentrações destas substâncias e os resultados foram analisados para calcular os parâmetros cinéticos.

Efeito da concentração de substrato:

Neste estudo, a concentração de pregabalina variou de $1x10^{-2}$ a $7x10^{-2}$ mol dm^{-3} mantendo todas as outras condições constantes. A Figura 1 representa um gráfico do tempo versus densidade ótica para diferentes concentrações de pregabalina, mantendo as outras condições constantes. Os valores da constante de velocidade a diferentes concentrações de pregabalina estão tabelados na Tabela 1 e a Figura 2 mostra o gráfico de log [PGN] versus log kobs de pregabalina. Verificou-se que a constante de velocidade aumenta com o aumento da concentração de pregabalina, com um declive inferior à unidade, mantendo-se as outras condições constantes, o que indica uma velocidade de ordem fraccionada da reação em relação à pregabalina.

Efeito da concentração de dicromato de potássio:

A concentração de dicromato de potássio variou de $1x10^{-3}$ a $7x10^{-3}$ mol dm^{-3} mantendo todas as outras condições constantes. A figura 4 representa um gráfico do tempo versus densidade ótica para diferentes concentrações de dicromato de potássio, mantendo as outras condições constantes. Os valores da constante de velocidade para diferentes concentrações de dicromato de potássio estão tabelados na Tabela 2. Os valores de Kobs mostraram um aumento com o aumento da concentração de dicromato de potássio e deram origem a um gráfico linear com a linha a passar quase pela origem, indicando uma dependência de primeira ordem da velocidade da reação em relação à concentração de dicromato de potássio. [6] [7] [8]. A Figura 5 mostra o gráfico de log[PD] versus logk$_{obs}$, que apresenta uma linha reta.

Efeito da temperatura:

A variação da variação da temperatura na taxa de oxidação da pregabalina foi estudada através da realização de ensaios cinéticos a diferentes temperaturas, entre

298, 303, 308, 313 e 318 K, mantendo todas as outras condições experimentais constantes, ou seja, [PGN], [PD] e [H$^+$]. A Figura 8 representa o gráfico do tempo versus densidade ótica para diferentes temperaturas, enquanto as outras condições permanecem constantes. O resultado mostra um aumento na taxa de reação com o aumento da temperatura Tabela 4. A partir do gráfico linear de log kobs versus 1/T, os parâmetros de ativação foram calculados e tabulados na Tabela 5.

Efeito da concentração de ácido:

A oxidação da pregabalina com dicromato de potássio foi estudada com diferentes concentrações de ácido sulfúrico, de 0,1 mol dm^{-3} a 0,7 mol dm^{-3} , mantendo todas as outras condições da reação constantes. A Figura 7 mostra o gráfico do tempo versus densidade ótica para diferentes concentrações de ácido sulfúrico, mantendo as outras condições constantes. Verifica-se um aumento da constante de velocidade com o aumento das concentrações de ácido sulfúrico Tabela 3. O gráfico de log[H$^+$] versus log k$_{obs}$ é linear com um declive inferior à unidade, indicando a taxa de ordem fraccionada da reação em relação ao ácido Figura 8.

Teste de radicais livres:

O teste de radicais livres foi efectuado e os seus resultados foram tabulados na Tabela 10, que mostra os valores da constante de velocidade a diferentes concentrações de acrilonitrilo com concentração de 0,01 mol dm^{-3} a 0,07 mol dm^{-3} . Na mistura de reação foi adicionada uma solução aquosa de acrilonitrilo. Não se observa o início da reação de polimerização, o que indica o não envolvimento de radicais livres nas sequências de reação.

Efeito dos sais adicionados:

Foram adicionados diferentes sais com concentrações de 0,1 mol dm^{-3} a 0,7 mol dm^{-3} para estudar o efeito do sal na taxa de oxidação da pregabalina com dicromato de potássio. Cloreto de sódio (NaCl), tabela 6, cloreto de potássio (KCl), tabela 7, brometo de potássio (KBr), tabela 8, e cloreto de magnésio (MgCl$_2$), tabela 9, foram adicionados à reação de oxidação a 303K. Verifica-se que o sal adicionado não tem efeito sobre a taxa de oxidação da pregabalina, pelo que não há interação de espécies carregadas durante a reação.

Mecanismo de oxidação da pregabalina:

$$Cr_2O_7^{-2} \ + \ 2H^+ \ \rightleftharpoons \ 2HCrO_4^-$$

$$2HCrO_4^- \ \overset{K1}{\rightleftharpoons} \ CrO_4^{2-} \ + \ 2H^+ \quad \text{(I fast)}$$

$$HCrO_4^- + PGN \ \overset{K2}{\rightleftharpoons} \ C \quad\quad \text{(II fast)}$$

$$C \ \overset{k}{\rightarrow} \ C' \quad\quad \text{(III slow \& r.d.s.)}$$

$$C' \ \rightarrow \ \text{Products} \quad\quad \text{(IV fast)}$$

Esquema-1

No esquema-1 (C) e (C$'$) são intermediários nas etapas II e III do mecanismo de oxidação da pregabalina, respetivamente. Na primeira etapa, o ácido crómico sofre desprotonação em equilíbrio para dar $HCrO_4^-$. Na segunda etapa, o $HCrO_4^-$ reage com a pregabalina para formar um éster de cromato intermediário (C). O éster de cromato (C) é convertido num intermediário de imina (C$'$). A imina, após hidrólise ácida, dá origem ao produto final. As estruturas destes produtos intermédios são apresentadas no Esquema 2.

$$HCrO_4^- \;+\; H^+ \;\overset{K_1}{\rightleftarrows}\; H_2CrO_4$$

$$R{-}CH_2{-}NH_2 \;+\; O{=}CrO_3^{2-} \;\overset{K_2}{\rightleftarrows}\; R{-}CH_2{-}NH_2{-}O{-}CrO_3^{2-} \; (C)$$
(Chromate Ester)

$$R{-}CH_2{-}NH_2{-}O{-}CrO_3^{2-} \,(C) \;\rightarrow\; R{-}CH_2{-}NH_2^+{-}O^- \;\rightarrow\; R{-}CH_2{-}NH{-}OH$$

$$R{-}CH_2{-}NH{-}OH \;\overset{k}{\rightarrow}\; R{-}CH{=}NH \quad (C') \quad (\text{Intermediate})$$

$$R{-}CH{=}NH \;(C') \;+\; H{-}HSO_4^- \;\rightarrow\; R{-}CH{=}NH_2^+{-}{-}{-}HSO_4^- \;+\; H_2O$$

$$R{-}CH{=}NH_2^+{-}{-}{-}HSO_4^- \;+\; H_2O \;\rightarrow\; R{-}CH{-}(O^+H_2){-}{-}NH_2 \;+\; HSO_4^-$$

$$R{-}CH{-}(OH){-}NH_3^+ \;\rightarrow\; R{-}CH{=}OH^+$$

$$R{-}CH{=}OH^+ \;+\; H_2O \;\rightarrow\; R{-}CH{-}(O^+H_2){-}OH$$

$$R{-}CH{-}(O^+H_2){-}OH \;\rightarrow\; R{-}CH{-}(OH){-}OH \;+\; H^+$$

$$R{-}CH{-}(OH){-}OH \;\rightarrow\; R{-}COOH \quad (P) \quad (\text{Product})$$

$$[R \;=\; {-}CH_3{-}CH\,(CH_3){-}CH_2{-}\overset{|}{CH}{-}CH_2COOH]$$

Esquema-2

Expressão da lei da taxa:

De acordo com o mecanismo explicado no Esquema 2, obtém-se

$$K_1 = \frac{[H_2CrO_4]}{[HCrO_4^-] + [H^+]} \qquad [H_2CrO_4] = K_1 [HCrO_4^-] [H^+] \qquad (1)$$

$$K_2 = \frac{[C]}{[PGN] + [H_2CrO_4]} \qquad [C] = K_2 [PGN] + [H_2CrO_4]$$

$$[C] = K_1 K_2 [PGN] [HCrO_4^-] [H^+] \qquad (2)$$

A partir da etapa (III) do esquema-1, podemos escrever

$$Rate = \frac{-d[HCrO_4^-]}{dt} = k[C] \qquad (3)$$

Substituindo a equação (2) na equação (1), obtém-se

$$Taxa = kK_1 K_2 [PGN] [HCrO_4^-] [H]^+ \qquad (4)$$

A concentração total de $HCrO_4^-$ é dada por

$$[HCrO]_{4\,T}^- = [HCrO_4^-] + [H_2 CrO_4] + [C] \qquad (5)$$

(T - representa a concentração total de $HCrO)_4^-$

Substituindo o valor da equação (2) na equação (5), obtém-se

$$[HCrO]_{4\,T}^- = [HCrO_4^-] + K_1 [HCrO_4^-] [H^+] + K_1 K_2 [PGN] [HCrO_4^-] [H^+] \quad (6)$$

Rearranjando a equação (6)

$$[HCrO]_{4\,T}^- = [HCrO_4^-] (1 + K_1 [H^+] + K_1 K_2 [PGN] [H^+]) \qquad (7)$$

$$[HCrO_4^-] = \frac{}{1 + K_1 [H^+] + K_1 K_2 [PGN] [H^+]} \qquad (8)$$

Substituindo a equação (8) na equação (4), obtém-se

$$Rate = \frac{kK_1 K_2 [PGN] [HCrO_4^-] [H^+]}{1 + K_1 [H^+] + K_1 K_2 [PGN] [H^+]} \qquad (9)$$

Sob a condição de pseudo-primeira ordem,

$$\text{Rate} = \frac{-d[HCrO_4^-]}{dt} = k_{obs}\,[\,HCrO_4^-\,] \qquad (10)$$

Comparando as equações (9) e (10), obtém-se

$$k_{obs} = \frac{kK_1\,K_2\,[PGN]\,[H^+]}{1 + K_1\,[H^+] + K_1\,K_2\,[PGN]\,[H^+]} \qquad (11)$$

Rearranjando os termos da equação (11), obtém-se

$$\frac{1}{k_{obs}} = \frac{1 + K_1\,[H^+] + K_1\,K_2\,[PGN]\,[H^+]}{kK_1\,K_2\,[PGN]\,[H^+]}$$

$$\frac{1}{k_{obs}} = \frac{1}{kK_1\,K_2\,[PGN]\,[H^+]} + \frac{1}{k\,K_2\,[PGN]} + \frac{1}{k} \qquad (12)$$

Da equação (12) podemos concluir que o gráfico de 1/[PGN] versus 1/ k_{obs} deve dar uma linha reta com uma interceção positiva, o que é confirmado pela figura 3.

4.2 OXIDAÇÃO DA DOMPERIDONA PELO POTÁSSIO DICROMATO EM MEIO ÁCIDO

Para estudar o efeito da alteração da concentração de domperidona, dicromato de potássio e ácido sulfúrico na oxidação à temperatura ambiente, utilizando um espetrofotómetro UV-Visível, foram utilizadas diferentes concentrações destas substâncias e os resultados foram analisados para calcular os parâmetros cinéticos.

Efeito da concentração de domperidona:

Neste estudo, a concentração de domperidona variou de 1×10^{-2} a 6×10^{-2} mol dm^{-3} mantendo todas as outras condições constantes. A figura 11 mostra um gráfico do tempo em função da densidade ótica para diferentes concentrações de domperidona, mantendo as outras condições constantes. A Tabela 11 representa os valores da constante de velocidade para diferentes concentrações de domperidona. A figura 12 representa um gráfico de log[domperidona] versus $\log k_{obs}$. . Verificou-se que a constante de velocidade aumenta com o aumento da concentração de domperidona, mantendo-se as outras condições constantes, e o gráfico de log[domperidona] versus log kobs (figura 12) apresenta uma linha reta que indica a velocidade de primeira ordem da reação [1].

Efeito da concentração de dicromato de potássio:

A concentração de dicromato de potássio variou de 1×10^{-3} a 6×10^{-3} mol dm^{-3} mantendo todas as outras condições constantes. A figura 14 mostra um gráfico do tempo em função da densidade ótica para diferentes concentrações de dicromato de potássio, mantendo as outras condições constantes. A Tabela 12 mostra os valores da constante de velocidade para diferentes concentrações de dicromato de potássio. A Figura 15 representa o gráfico de log [dicromato de potássio] versus $\log k_{obs}$. Os valores de kobs mostraram um aumento acentuado com o aumento da concentração de dicromato de potássio e deram origem a um gráfico linear que indica uma dependência de primeira ordem da velocidade da reação em relação à concentração de dicromato de potássio.

Efeito da temperatura:

A variação da mudança de temperatura na taxa de oxidação da domperidona foi estudada através da realização de ensaios cinéticos a diferentes temperaturas, entre 298K, 303K, 308K, 313K e 318K, mantendo todas as outras condições experimentais constantes, ou seja, [DMP], [PD] e [H^+]. A Figura 18 representa o gráfico do tempo versus densidade ótica para diferentes concentrações de dicromato de potássio, mantendo as outras condições constantes. A Tabela 14 representa os valores da constante de velocidade para diferentes temperaturas, mantendo-se constantes as restantes condições. O resultado mostra um aumento da velocidade de reação com o aumento da temperatura. A partir do gráfico linear de 1/T versus logk/T (figura 19), os parâmetros de ativação foram calculados e tabulados na Tabela 15.

Efeito da concentração de ácido:

A oxidação da domperidona com dicromato de potássio foi estudada com diferentes concentrações de ácido sulfúrico, de 0,1 mol dm^{-3} a 0,7 mol, mantendo todas as outras condições da reação constantes. A Figura 17 representa o gráfico do tempo versus densidade ótica para diferentes concentrações de ácido sulfúrico, mantendo as outras condições constantes. Os valores da constante de velocidade para diferentes concentrações de ácido sulfúrico estão tabelados na Tabela 13. O resultado mostra que não há alterações significativas na constante de velocidade com o aumento das concentrações de ácido sulfúrico, ou seja, a velocidade da reação não depende da concentração de ácido.

Teste de radicais livres:

O teste de radicais livres foi efectuado e os seus resultados foram tabulados na tabela 20, que mostra os valores da constante de velocidade a diferentes concentrações de acrilonitrilo de 0,01 mol dm^{-3} a 0,06 mol dm^{-3} . Na mistura de reação foi adicionada uma solução aquosa de acrilonitrilo. Não mostra o início da reação de polimerização, indicando o não envolvimento de radicais livres nas sequências de reação [2].

Efeito dos sais adicionados:

Para estudar o efeito do sal na taxa de oxidação da pregabalina com dicromato de potássio, foram adicionados diferentes sais com concentrações que variam de 0,1 mol dm^{-3} a 0,6 mol dm^{-3} . Cloreto de sódio (NaCl), tabela 16, cloreto de potássio (KCl), tabela 17, brometo de potássio (KBr), tabela 18, e cloreto de magnésio (MgCl$_2$), tabela 19, foram adicionados à reação de oxidação a 303K. Verifica-se que o sal adicionado não afecta a taxa de oxidação da domperidona, pelo que não há interação de espécies carregadas durante a reação [9] [10] [11].

Mecanismo de oxidação da domperidona:

$$K_2Cr_2O_7 + 4H_2SO_{4(aq)} + 3C_{22}H_{24}ClN_5O_2 \rightarrow 3C_{22}H_{24}ClN_4O_2N \rightarrow O + K_2SO_4 + (Cr_2SO_4)_3 + 4H_2O$$

$$K_2Cr_2O_7 + 4H_2SO_{4(aq)} + 3DMPN \rightarrow 3DMPN \rightarrow O + K_2SO_4 + (Cr_2SO_4)_3 + 4H_2O$$

$$Cr_2O_7^{2-} + H_2O \rightarrow 2HCrO_4^- \quad (Cr\ VI) \qquad\qquad (Step\text{-}I)$$

$$C_{22}H_{24}ClN_4O_2N + O{=}CrO_3^{-2} \rightarrow C_{22}H_{24}ClN_4O_2N \rightarrow O{-}CrO_3^{-2}\ (Complex\ Intermediate)$$

$$(Chromate\ Ester\ CE) \qquad\qquad (Step\text{-}II)$$

$$C_{22}H_{24}ClN_4O_2N \rightarrow O{-}CrO_3^{-2} \rightarrow C_{22}H_{24}ClN_4O_2N \rightarrow O + CrO_3^{-2}\ (Cr\ IV)\ (Step\text{-}III)$$
$$(Domperidone\ N\text{-}Oxide)$$

A equação de velocidade provável para a reação acima pode ser expressa da seguinte forma

$$- \frac{d}{dt}[Cr_2O_7^{-2}] = - \frac{d}{dt}[HCrO_4^-] = k_2\,[CE]$$

$$DMP + PD \underset{k_{-1}}{\overset{k_1}{\rightleftharpoons}} CE \xrightarrow{k_2} DMPN{\rightarrow}O$$

$$- \frac{d}{dt}[Cr_2O_7^{-2}] = - \frac{d}{dt}[HCrO_4^-] = k_2\,[CE]$$

Podemos aplicar a aproximação do estado estacionário a CE

$$\frac{d[CE]}{dt} = 0 = k_1[DMP]\,[PD] - k_{-1}\,[CE] - k_2\,[CE]$$

$$[CE] = \frac{k_1}{k_{-1} + k_2}\,[DMP]\,[PD]$$

A taxa global é a taxa de formação de DMPN$\rightarrow$O

$$Rate = \frac{d[DMPN{\rightarrow}O]}{dt} = k_2\,[CE] = \frac{k_1\,k_2}{k_{-1} + k_2}\,[DMP]\,[PD]$$

Uma vez que k_{-1} é muito menor do que k_2 , $k_{-1} \ll k_2$ negligenciando k_{-1} na equação acima, a equação da taxa é reduzida a

Taxa $= k_1\,[DMP]\,[PD]$

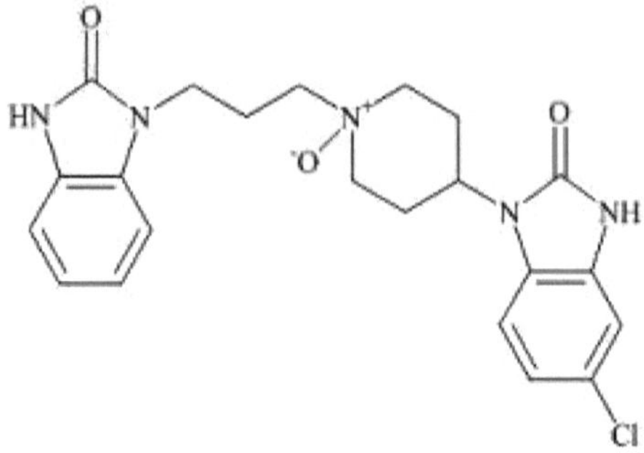

Fig 4: N-óxido de domperidona

4.3 OXIDAÇÃO DA RASAGILINA POR DICROMATO EM MEIO ÁCIDO

Para estudar o efeito da alteração da concentração de rasagilina, dicromato de potássio e ácido sulfúrico na oxidação à temperatura ambiente, utilizando um espetrofotómetro UV-visível, foram utilizadas diferentes concentrações destas substâncias e os resultados foram analisados para calcular os parâmetros cinéticos.

Efeito da concentração de Rasagilina:

Neste estudo, a concentração de rasagilina variou de 1×10^{-2} a 6×10^{-2} mol dm^{-3} mantendo todas as outras condições constantes. O gráfico do tempo versus densidade ótica para diferentes concentrações de rasagilina, mantendo as outras condições constantes, é apresentado na Figura 20. Os valores da constante de velocidade de pseudo-primeira ordem para diferentes concentrações de rasagilina estão tabelados na Tabela 21. A Figura 21 representa um gráfico de log[rasagilina] versus $\log k_{obs.}$. O gráfico linear indica a velocidade de primeira ordem da reação [3].

Efeito da concentração de dicromato de potássio:

A concentração de dicromato de potássio variou de 1×10^{-3} a 6×10^{-3} mol dm^{-3} mantendo todas as outras condições constantes. A Figura 23 representa o gráfico do tempo versus densidade ótica para diferentes concentrações de dicromato de potássio, mantendo todas as outras condições constantes. A constante de velocidade de pseudo-primeira ordem para diferentes concentrações de dicromato de potássio foi tabelada na Tabela 22. Os valores mostram um aumento acentuado com o aumento da concentração de dicromato de potássio e o gráfico log[dicromato de potássio] versus $\log k_{obs}$ é uma linha reta que indica uma dependência de primeira ordem da velocidade da reação em relação à concentração de dicromato de potássio.

Efeito da temperatura:

A variação da mudança de temperatura na taxa de oxidação da rasagilina foi estudada através da realização de ensaios cinéticos a diferentes temperaturas de 298K, 303K, 308K, 313K e 318K, mantendo todas as outras condições experimentais constantes, isto é, [RSG], [PD] e [H^+]. O gráfico do tempo versus densidade ótica a diferentes temperaturas é apresentado na Figura 27. Os valores da constante de velocidade de pseudo-primeira ordem a diferentes temperaturas estão tabelados na Tabela 24 e o resultado mostra um aumento da velocidade de reação com o aumento da temperatura. A partir dos gráficos lineares de 1/T versus logk/T, os parâmetros de ativação foram calculados e tabulados na Tabela 25.

Efeito da concentração de ácido:

A oxidação da rasagilina com dicromato de potássio foi estudada com diferentes concentrações de ácido sulfúrico, variando de 0,1 mol dm^{-3} a 0,6 mol, mantendo constantes todas as outras condições da reação. O gráfico tempo versus densidade ótica para diferentes concentrações de ácido sulfúrico é apresentado na Figura 26, enquanto a Tabela 23 representa os valores das constantes de velocidade de pseudo-primeira ordem para diferentes concentrações de ácido sulfúrico. A constante de velocidade não varia muito com o aumento da concentração de ácido sulfúrico.

Teste de radicais livres:

O teste de radicais livres foi efectuado e os seus resultados foram tabulados na Tabela 30, que mostra os valores da constante de velocidade a diferentes concentrações de acrilonitrilo, variando de 0,01 mol dm^{-3} a 0,06 mol dm^{-3}. Na mistura de reação foi adicionada uma solução aquosa de acrilonitrilo. Não mostra o início da reação de polimerização, indicando o não envolvimento de radicais livres nas sequências de reação [4] [5].

Efeito dos sais adicionados:

Para estudar o efeito do sal na taxa de oxidação da rasagilina com dicromato de potássio, foram adicionados diferentes sais com diferentes concentrações, variando de 0,1 mol dm^{-3} a 0,6 mol dm^{-3} . Cloreto de sódio (NaCl) (tabela 26), cloreto de potássio (KCl) (tabela 27), brometo de potássio (KBr) (tabela 28) e cloreto de magnésio ($MgCl_2$) (tabela 29) foram adicionados à reação de oxidação a 303K. Verifica-se que o sal adicionado não tem qualquer efeito na taxa de oxidação da rasagilina, pelo que não há interação de espécies carregadas durante a reação.

Mecanismo de oxidação da Rasagilina:

$$CrO_4^{-2} \ + \ H^+ \ \overset{K1}{\rightleftarrows} \ HCrO_4^- \qquad\qquad\qquad \text{(I fast)}$$

$$HCrO_4^- \ + \ RSG \ \overset{K2}{\rightleftarrows} \ C_1 \ \text{(Complex)} \qquad\qquad \text{(II fast)}$$

$$C_1 \ \overset{k}{\rightarrow} \ I \ \text{(Intermediate)} \qquad\qquad\qquad \text{(III slow)}$$

$$I \ + \ HCrO_4^- \ \overset{K3}{\rightleftarrows} \ C_2 \ \text{(Complex)} \qquad\qquad \text{(IV fast)}$$

$$C_2 \ \rightarrow \ Products \qquad\qquad\qquad\qquad\qquad \text{(V fast)}$$

Esquema-1

No esquema-1 (C_1) e (C_2) são complexos formados com o ião cromato e o substrato nas etapas II e IV do mecanismo de oxidação da rasagilina. Na primeira etapa, o cromato é protonado na presença de ácido. Na segunda etapa, o $HCrO_4^-$ reage com a rasagilina para formar um complexo (C_1). O complexo (C_1) é convertido em diol, um intermediário (I). O diol reage com a segunda molécula de $HCrO_4^-$ para dar origem ao complexo (C_2) que, após hidrólise, é clivado para dar ácido carboxílico, o produto final, e o CO_2 é libertado. As estruturas do complexo e do produto intermédio estão representadas no esquema 2.

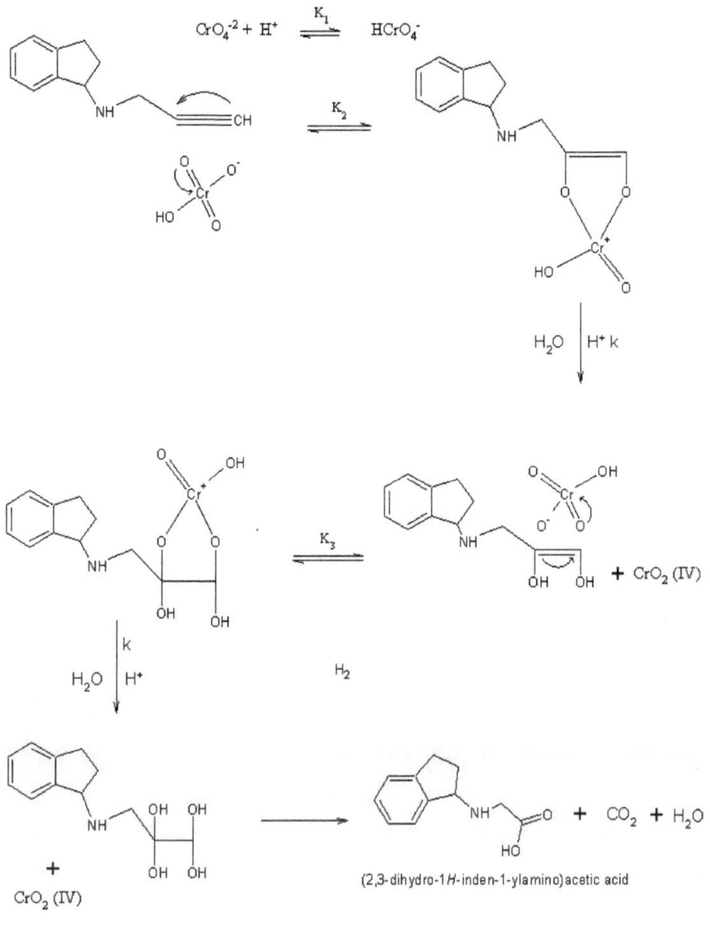

Scheme 2

A equação de velocidade provável para a reação acima pode ser expressa da seguinte forma

De acordo com o mecanismo explicado no Esquema 2, obtém-se

$$K_1 = \frac{[HCrO_4^-]}{[CrO_4^{-2}]\,[H^+]} \qquad\qquad [HCrO_4^-] = K_1\,[CrO_4^{-2}]\,[H^+] \tag{1}$$

$$K_2 = \frac{[C_1]}{[RSG] + [HCrO_4^-]} \qquad\qquad [C_1] = K_2\,[RSG] + [HCrO_4^-] \tag{2}$$

Substituindo o valor da equação (1) na equação (2), obtém-se

$$[C_1] = K_1\,K_2\,[RSG]\,[CrO_4^{-2}]\,[H^+] \tag{3}$$

From step (III) of scheme-1 we can write

$$Rate = \frac{-d[CrO_4^{-2}]}{dt} = k\,[C_1] \tag{4}$$

Substituindo a equação (3) na equação (4), obtém-se

$$Taxa = kK_1\,K_2\,[RSG]\,[CrO_4^{-2}]\,[H]^+ \tag{5}$$

A concentração total de CrO_4^{-2} é dada por

$$[CrO]_4^{-2}{}_T = [CrO_4^{-2}] + [HCrO_4^-] + [C]_1 \tag{6}$$

(T- representa a concentração total de $CrO)_4^{-2}$

Substituindo o valor das equações (1) e (3) na equação (6), obtém-se

$$[CrO]_4^{-2}{}_T = [CrO_4^{-2}] + K_1\,[CrO_4^{-2}]\,[H^+] + K_1\,K_2\,[RSG]\,[CrO_4^{-2}]\,[H^+] \tag{7}$$

Rearranjando a equação (7)

$$[CrO_4^{-2}]_T = [CrO_4^{-2}]\,(1 + K_1\,[H^+] + K_1\,K_2\,[RSG]\,[H^+]) \tag{8}$$

$$[CrO_4^{-2}] = \frac{[CrO_4^{-2}]_T}{1 + K_1\,[H^+] + K_1\,K_2\,[RSG]\,[H^+]} \tag{9}$$

Substituindo a equação (9) na equação (5), obtém-se

$$Rate = \frac{kK_1\,K_2\,[RSG]\,[CrO_4^{-2}]\,[H^+]}{1 + K_1\,[H^+] + K_1\,K_2\,[RSG]\,[H^+]} \tag{10}$$

Sob a condição de pseudo-primeira ordem,

$$\text{Rate} = \frac{-d[CrO_4^{-2}]}{dt} = k_{obs}\,[CrO_4^{-2}] \qquad (11)$$

Comparando as equações (10) e (11), obtém-se

$$k_{obs} = \frac{k\,K_1\,K_2\,[RSG]\,[H^+]}{1 + K_1\,[H^+] + K_1\,K_2\,[RSG]\,[H^+]} \qquad (12)$$

Rearranjando os termos da equação (11), obtém-se

$$\frac{1}{k_{obs}} = \frac{1 + K_1\,[H^+] + K_1\,K_2\,[RSG]\,[H^+]}{k\,K_1\,K_2\,[RSG]\,[H^+]}$$

$$\frac{1}{k_{obs}} = \frac{1}{k\,K_1\,K_2\,[RSG]\,[H^+]} + \frac{1}{k\,K_2\,[RSG]} + \frac{1}{k} \qquad (13)$$

4.4 OXIDAÇÃO DA QUETIAPINA PELO POTÁSSIO DICROMATO EM MEIO ÁCIDO

Para estudar o efeito da alteração da concentração de quetiapina, dicromato de potássio e ácido sulfúrico na oxidação à temperatura ambiente, utilizando um espetrofotómetro UV-visível, foram utilizadas diferentes concentrações destas substâncias e os resultados foram analisados para calcular os parâmetros cinéticos.

Efeito da concentração de quetiapina:

Neste estudo, a concentração de quetiapina variou de $1x10^{-2}$ a $6x10^{-2}$ mol dm^{-3} mantendo todas as outras condições constantes. A Figura 29 mostra o gráfico do tempo versus a densidade ótica em diferentes concentrações de quetiapina, mantendo as outras condições constantes. Os valores das constantes de velocidade de pseudo-primeira ordem para diferentes concentrações de quetiapina estão tabelados na Tabela 31 e verificou-se que a constante de velocidade aumenta com o aumento da concentração de quetiapina, mantendo-se as outras condições constantes, o que indica uma velocidade de primeira ordem da reação [3]. A Figura 30 representa um gráfico de log[quetiapina] versus log kobs.

Efeito da concentração de dicromato de potássio:

A concentração de dicromato de potássio variou de 1×10^{-3} a 6×10^{-3} mol dm^{-3} mantendo todas as outras condições constantes. A figura 32 mostra o gráfico do tempo versus densidade ótica para diferentes concentrações de dicromato de potássio, mantendo as outras condições constantes. Os valores das constantes de velocidade de pseudo-primeira ordem para diferentes concentrações de dicromato de potássio estão tabelados na Tabela 32. Os valores de k_{obs} mostram um aumento acentuado com o aumento da concentração de dicromato de potássio. O gráfico de log[dicromato de potássio] versus log k_{obs} é apresentado na Figura 33 e dá uma linha reta que indica uma dependência de primeira ordem da velocidade da reação em relação à concentração de dicromato de potássio.

Efeito da temperatura:

A variação da mudança de temperatura na taxa de oxidação da quetiapina foi estudada através da realização de ensaios cinéticos a diferentes temperaturas de 298K, 303K, 308K, 313K e 318K, mantendo todas as outras condições experimentais constantes, ou seja, [QTP], [PD] e [H$^+$]. O gráfico do tempo versus densidade ótica a diferentes temperaturas é apresentado na Figura 36. Os valores das constantes de taxa de pseudo-primeira ordem para diferentes temperaturas estão tabelados na Tabela 34. O resultado mostra um aumento na taxa de reação com o aumento da temperatura. A partir do gráfico linear de 1/T versus logk/T, os parâmetros de ativação foram calculados e tabulados na Tabela 35.

Efeito da concentração de ácido:

A oxidação da quetiapina com dicromato de potássio foi estudada com diferentes concentrações de ácido sulfúrico, variando de 0,1 mol dm^{-3} a 0,6 mol dm^{-3} , mantendo todas as outras condições da reação constantes. A Figura 35 representa o gráfico do tempo versus densidade ótica em diferentes concentrações de ácido sulfúrico. A Tabela 33 apresenta os valores das constantes de velocidade de pseudo-primeira ordem para diferentes concentrações de ácido sulfúrico. Não se verificam alterações significativas na constante de velocidade com o aumento das concentrações de ácido sulfúrico, ou seja, a velocidade da reação não depende da concentração de ácido.

Teste de radicais livres:

O teste de radicais livres foi efectuado e os seus resultados foram tabulados na tabela 40, que mostra os valores da constante de velocidade a diferentes concentrações de acrilonitrilo, variando de 0,01 mol dm^{-3} a 0,06 mol dm^{-3} . Na mistura de reação foi adicionada uma solução aquosa de acrilonitrilo. Não mostra o início da reação de polimerização, indicando o não envolvimento de radicais livres nas sequências de reação [4] [5].

Efeito dos sais adicionados:

Para estudar o efeito do sal na taxa de oxidação da quetiapina com dicromato de potássio, foram adicionados diferentes sais com diferentes concentrações, variando de 0,1 mol dm^{-3} a 0,6 mol dm^{-3} . Cloreto de sódio (NaCl) (tabela 36), cloreto de potássio (KCl) (tabela 37), brometo de potássio (KBr) (tabela 38) e cloreto de magnésio (MgCl$_2$) (tabela 39) foram adicionados à reação de oxidação a 303K. Verifica-se que o sal adicionado não tem qualquer efeito sobre a velocidade de oxidação da quetiapina, pelo que não há interação de espécies carregadas durante a reação.

Mecanismo de oxidação da quetiapina:

$$Cr_2O_7^{-2} \; + \; H_2O \longrightarrow 2CrO_4^{-2} \; + \; 2H^+$$

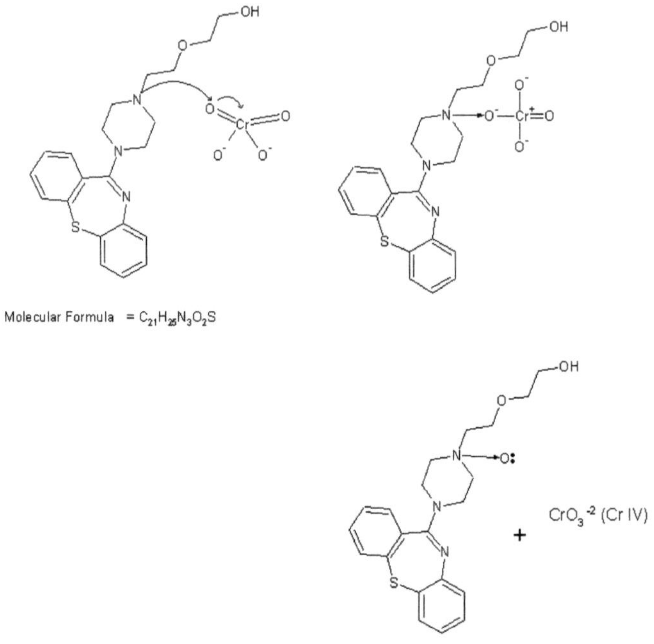

Molecular Formula $= C_{21}H_{25}N_3O_2S$

Quetiapine N-Oxide

$$+ \quad CrO_3^{-2} \; (Cr\,IV)$$

Scheme 1

A equação de velocidade provável para o mecanismo de reação acima pode ser expressa da seguinte forma

$$- \frac{d}{dt}[Cr_2O_7^{-2}] = - \frac{d}{dt}[CrO_4^{-2}] = k_2\,[CE]$$

$$QTP + PD \overset{k1}{\underset{k_{-1}}{\rightleftharpoons}} CE \overset{k2}{\rightarrow} QTPN{\rightarrow}O$$

$$-\frac{d}{dt}[Cr_2O_7^{-2}] = -\frac{d}{dt}[CrO_4^{-2}] = k_2\,[CE]$$

Podemos aplicar a aproximação do estado estacionário a CE

$$\frac{d[CE]}{dt} = 0 = k_1[QTP]\,[PD] - k_{-1}\,[CE] - k_2\,[CE]$$

$$[CE] = \frac{k_1}{k_{-1} + k_2}[QTP]\,[PD]$$

A taxa global é a taxa de formação de QTPN$\rightarrow$O

$$Rate = \frac{d[QTPN{\rightarrow}O]}{dt} = k_2\,[CE] = \frac{k_1\,k_2}{k_{-1} + k_2}[QTP]\,[PD]$$

Uma vez que k_{-1} é muito mais pequeno do que k_2, $k_{-1} \ll k_2$ negligenciando k_{-1} na equação acima, a equação da taxa reduz-se a

Taxa $= k_1\,[QTP]\,[PD]$

4.5 OXIDAÇÃO DA VOGLIBOSE POR DICROMATO EM MEIO ÁCIDO

Para estudar o efeito da alteração da concentração de voglibose, dicromato de potássio e ácido sulfúrico na oxidação à temperatura ambiente, utilizando um espetrofotómetro UV-visível, foram utilizadas diferentes concentrações destas substâncias e os resultados foram analisados para calcular os parâmetros cinéticos.

Efeito da concentração de voglibose:

Neste estudo, a concentração de voglibose variou de $1x10^{-2}$ a $6x10^{-2}$ mol dm^{-3} mantendo todas as outras condições constantes. A Figura 38 mostra o gráfico do tempo versus densidade ótica para diferentes concentrações de voglibose, mantendo as outras condições constantes. Os valores das constantes de velocidade de pseudo-primeira ordem para diferentes concentrações de voglibose estão tabelados na Tabela 41 e os valores mostram que a velocidade da reação aumenta com o aumento da concentração de voglibose. A Figura 39 representa um gráfico de log[voglibose] versus logk$_{obs.}$. O gráfico linear indica a velocidade de primeira ordem da reação [3].

Efeito da concentração de dicromato de potássio:

A concentração de dicromato de potássio variou de $1x10^{-3}$ a $6x10^{-3}$ mol dm^{-3} mantendo todas as outras condições constantes. A Figura 41 mostra o gráfico do tempo versus densidade ótica para diferentes concentrações de dicromato de potássio, mantendo as outras condições constantes. Os valores das constantes de velocidade de pseudo-primeira ordem para diferentes concentrações de dicromato de potássio estão tabelados na Tabela 42. Os valores de k$_{obs}$ mostram um aumento acentuado com o aumento da concentração de dicromato de potássio. A Figura 42 mostra um gráfico de log[dicromato de potássio] versus log k$_{obs}$ e apresenta uma linha reta que mostra a dependência de primeira ordem da velocidade da reação em relação à concentração de dicromato de potássio.

Efeito da temperatura:

A variação da mudança de temperatura na taxa de oxidação da voglibose foi estudada através da realização de ensaios cinéticos a diferentes temperaturas, entre 298K, 303K, 308K, 313K e 318K, mantendo todas as outras condições experimentais constantes, ou seja, [VBS], [PD] e [H$^+$]. O gráfico do tempo versus densidade ótica a diferentes temperaturas é apresentado na Figura 45. A Tabela 44 representa os valores das constantes de taxa de pseudo-primeira ordem a diferentes temperaturas. O resultado mostra um aumento da velocidade de reação com o aumento da temperatura. A partir do gráfico linear (figura 46) de 1/T versus logk$_{obs}$ /T, os parâmetros de ativação foram calculados e tabulados na Tabela 45.

Efeito da concentração de ácido:

A oxidação da voglibose com dicromato de potássio foi estudada com diferentes concentrações de ácido sulfúrico, variando de 0,1 mol dm^{-3} a 0,6 mol dm^{-3} , mantendo todas as outras condições da reação constantes. A Figura 44 representa o gráfico do tempo versus densidade ótica em diferentes concentrações de ácido sulfúrico. A Tabela 43 representa os valores das constantes de velocidade de pseudo-primeira ordem para diferentes concentrações de ácido sulfúrico. Não se verificam alterações significativas na constante de velocidade com o aumento das concentrações de ácido sulfúrico, ou seja, a velocidade da reação não depende da concentração de ácido.

Teste de radicais livres:

O teste de radicais livres foi efectuado e os seus resultados foram tabulados na tabela 50, que mostra os valores da constante de velocidade a diferentes concentrações de acrilonitrilo, variando de 0,01 mol dm^{-3} a 0,06 mol dm^{-3} . Na mistura de reação foi adicionada uma solução aquosa de acrilonitrilo. Não mostra o início da reação de polimerização, indicando o não envolvimento de radicais livres nas sequências de reação [12] [13] [14].

Efeito dos sais adicionados:

Para estudar o efeito do sal na taxa de oxidação da pregabalina com dicromato de potássio, foram adicionados diferentes sais com diferentes concentrações, variando de 0,1 mol dm^{-3} a 0,6 mol dm^{-3} . Os sais cloreto de sódio (NaCl) (tabela 46), cloreto de potássio (KCl) (tabela 47), brometo de potássio (KBr) (tabela 48) e cloreto de magnésio (MgCl$_2$) (tabela 49) foram adicionados à reação de oxidação a 303K. Verifica-se que o sal adicionado não tem qualquer efeito na taxa de oxidação da voglibose, pelo que não há interação de espécies carregadas durante a reação.

Mecanismo de oxidação da voglibose:

$$H_2CrO_4 + H^+ \overset{K1}{\rightleftharpoons} H_3CrO_4^+ \qquad\qquad (\text{I fast})$$

$$VBS + H_3CrO_4^+ \overset{K2}{\rightleftharpoons} C \qquad\qquad (\text{II fast})$$

$$C \overset{k}{\rightarrow} C' \qquad\qquad (\text{III slow})$$

$$C \xrightarrow{k} C' \qquad\qquad\qquad\qquad (\text{III slow})$$

$$C' \overset{K3}{\rightleftharpoons} C'' \qquad\qquad\qquad\qquad (\text{IV fast})$$

$$C'' \rightarrow \text{Product} \qquad\qquad\qquad\qquad (\text{V fast})$$

Esquema-1

No esquema-1, na primeira fase, o dicromato é protonado na presença de ácido sulfúrico aquoso, que reage com o substrato para dar o éster de cromato intermédio (C). Na terceira etapa, o intermediário (C) dá origem a outro composto (C$'$), no qual C1 do anel recebe um grupo aldeídico após oxidação. Na quarta etapa, o composto (C$'$) reage com a segunda molécula de ácido crómico protonado para dar origem a outro éster de cromato (C$''$) como intermediário, que é finalmente convertido num produto. As estruturas destes produtos intermédios são apresentadas no esquema 2.

$$H_2CrO_4 + H^+ \overset{K1}{\rightleftharpoons} H_3CrO_4^+$$

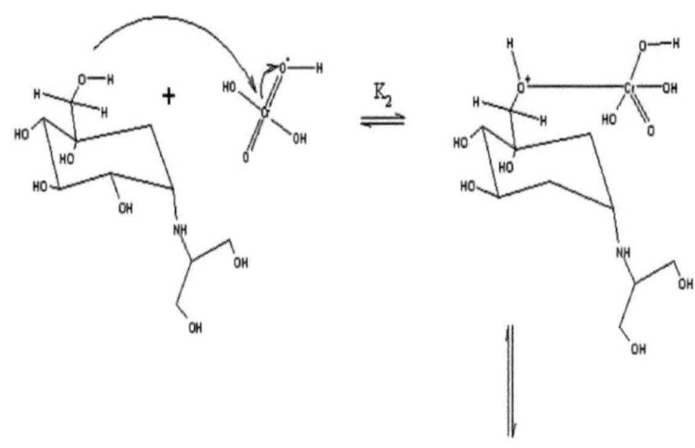

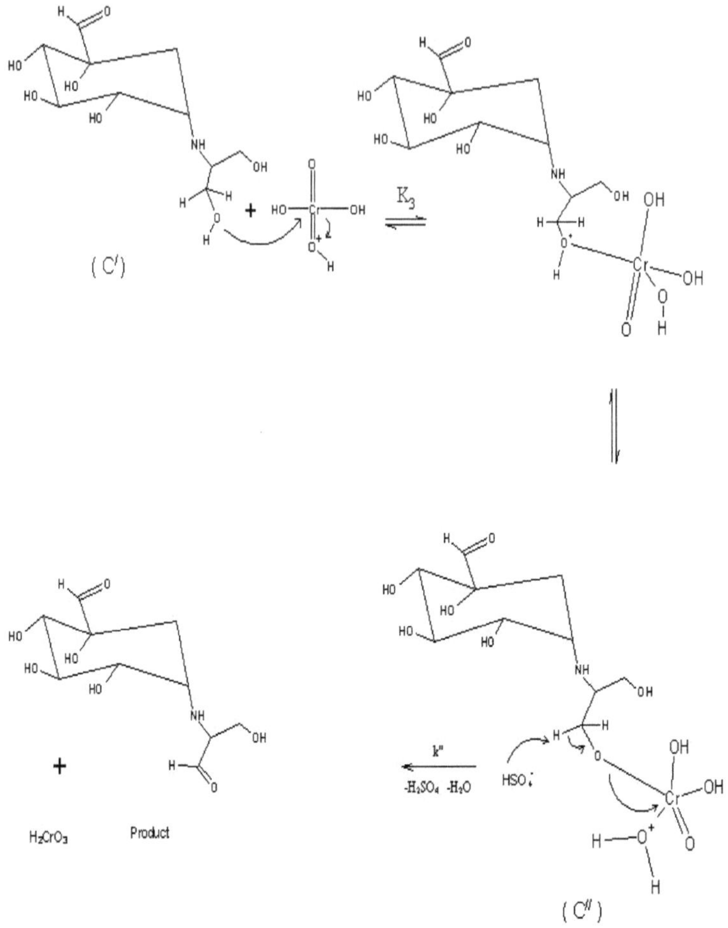

Esquema - 2

4.6 OXIDAÇÃO DO CLORIDRATO DE CETRIZINA POR DICROMATO DE POTÁSSIO EM MEIO ÁCIDO

Para estudar o efeito da alteração da concentração de cloridrato de cetrizina, dicromato de potássio e ácido sulfúrico na oxidação à temperatura ambiente, utilizando um espetrofotómetro UV-visível, foram utilizadas diferentes concentrações destas substâncias e os resultados foram analisados para calcular os parâmetros cinéticos.

Efeito da concentração de Cloridrato de Cetrizina:

Neste estudo, a concentração de cloridrato de cetrizina variou de 1 x 10^{-2} a 5 x 10^{-2} mol dm^{-3} mantendo todas as outras condições constantes. O gráfico do tempo versus densidade ótica em diferentes concentrações de cloridrato de cetrizina é apresentado na Figura 47. Os valores das constantes de velocidade de pseudo-primeira ordem para diferentes concentrações de cloridrato de cetrizina estão tabelados na Tabela 51 e os valores mostram que a velocidade da reação aumenta com o aumento da concentração de cloridrato de cetrizina. Verificou-se que a constante de velocidade aumenta com o aumento da concentração de cloridrato de cetrizina, mantendo-se as outras condições constantes [3]. A Figura 48 representa um gráfico de log[cloridrato de cetrizina] versus log kobs. .

Efeito da concentração de dicromato de potássio:

A concentração de dicromato de potássio variou de $1x10^{-3}$ a $5x10^{-3}$ mol dm^{-3} mantendo todas as outras condições constantes. O gráfico do tempo versus densidade ótica para diferentes concentrações de dicromato de potássio é apresentado na Figura 50. Os valores das constantes de velocidade de pseudo-primeira ordem para diferentes concentrações de dicromato de potássio estão tabelados na Tabela 52 e os valores mostram que a velocidade da reação aumenta com o aumento da concentração de cloridrato de cetrizina. Os valores da constante de velocidade mostraram um aumento acentuado com o aumento da concentração de dicromato de potássio e deram origem a um gráfico linear (figura 51) que indica uma dependência de primeira ordem da velocidade da reação em relação à concentração de dicromato de potássio.

Efeito da temperatura:

A variação da variação da temperatura na taxa de oxidação do cloridrato de cetrizina foi estudada através da realização de ensaios cinéticos a diferentes temperaturas, entre 298K, 303K, 308K, 313K e 318K, mantendo todas as outras condições experimentais constantes, ou seja, [CTZ], [PD] e [H^+]. A Figura 54 representa o gráfico do tempo versus densidade ótica a diferentes temperaturas, enquanto as outras condições permanecem constantes. A Tabela 54 mostra os valores da constante de velocidade de pseudo-primeira ordem a diferentes temperaturas. O resultado mostra um aumento da velocidade de reação com o aumento da temperatura.

A partir do gráfico linear de 1/T versus logk/T, os parâmetros de ativação foram calculados e tabulados na Tabela 55.

Efeito da concentração de ácido:

A oxidação do cloridrato de cetrizina com dicromato de potássio foi estudada com diferentes concentrações de ácido sulfúrico, variando de 0,1 mol dm^{-3} a 0,6 mol dm^{-3} , mantendo todas as outras condições da reação constantes. A Figura 53 representa o gráfico do tempo versus densidade ótica em diferentes concentrações de ácido sulfúrico. A Tabela 53 representa os valores das constantes de velocidade de pseudo-primeira ordem para diferentes concentrações de ácido sulfúrico.

Teste de radicais livres:

O teste de radicais livres foi efectuado e os seus resultados foram tabulados na tabela 60, que mostra os valores da constante de velocidade a diferentes concentrações de acrilonitrilo, variando de 0,01 mol dm^{-3} a 0,06 mol dm^{-3} . Na mistura de reação foi adicionada uma solução aquosa de acrilonitrilo. Não mostra o início da reação de polimerização indicando o não envolvimento de radicais livres nas sequências de reação [4] [5].

Efeito dos sais adicionados:

Para estudar o efeito do sal na taxa de oxidação da pregabalina com dicromato de potássio, foram adicionados diferentes sais com diferentes concentrações, variando de 0,1 mol dm^{-3} a 0,6 mol dm^{-3} . Cloreto de sódio (NaCl) (tabela 56), cloreto de potássio (KCl) (tabela 57), brometo de potássio (KBr) (tabela 58) e cloreto de magnésio ($MgCl_2$) (tabela 59) foram adicionados à reação de oxidação a 303K. Verifica-se que o sal adicionado não tem efeito sobre a velocidade de oxidação da voglibose, pelo que não há interação de espécies carregadas durante a reação.

Mecanismo de oxidação do cloridrato de cetrizina:

$$K_2Cr_2O_7 + 4H_2SO_{4(aq)} + 3CTZ \rightarrow 3CTZN{\rightarrow}O + K_2SO_4 + (Cr_2SO_4)_3 + 4H_2O$$

$$Cr_2O_7^{2-} + H_2O \rightarrow 2HCrO_4^- \quad (Cr\ VI)$$

$$C_{21}H_{25}ClNO_3N + O{=}CrO_3^{-2} \rightarrow C_{21}H_{25}ClNO_3N{\rightarrow}O{-}CrO_3^{-2} \text{ (Complex Intermediate)}$$
$$\text{(Chromate Ester CE)}$$

$$C_{21}H_{25}ClNO_3N{\rightarrow}O{-}CrO_3^{-2} \quad \rightarrow \quad C_{21}H_{25}ClNO_3N{\rightarrow}O + CrO_3^{-2} \ (Cr\ IV)$$
$$(Cetrizine\ N\text{-}Oxide)$$

A equação de velocidade provável para a reação acima pode ser expressa da seguinte forma

$$-\frac{d}{dt}[Cr_2O_7^{-2}] = -\frac{d}{dt}[HCrO_4^-] = k_2\,[CE]$$

$$CTZ + PD \underset{k_{-1}}{\overset{k_1}{\rightleftharpoons}} CE \overset{k_2}{\rightarrow} CTZN{\rightarrow}O$$

Podemos aplicar a aproximação do estado estacionário à EC [13]

$$\frac{d[CE]}{dt} = 0 = k_1[CTZ]\,[PD] - k_{-1}\,[CE] - k_2\,[CE]$$

$$[C] = \frac{k_1}{k_{-1} + k_2}\,[CTZ]\,[PD]$$

The overall rate is the rate of formation of $CTZN{\rightarrow}O$

$$Rate = \frac{d[CTZN{\rightarrow}O]}{dt} = k_2\,[CE] = \frac{k_1\,k_2}{k_{-1} + k_2}\,[CTZ]\,[PD]$$

Uma vez que k_{-1} é muito mais pequeno do que k_2, $k_{-1} \ll k_2$ negligenciando k_{-1} na equação acima, a equação da taxa reduz-se a

Taxa = k_1 [CTZ] [PD]

4.7 REFERÊNCIAS:

1   Vogel, AI, Textbook of practical organic chemistry, Longman, Londres, 1967.

2   Joseph; Basheer K.M., Radhakrishnan Nair T.D., "Effects of substituents on the kinetics of the oxidation of benzyl chloride using acid dichromate, Asian J. Chem., 19(6), pp 4733-4738, 2007.

3   Vogel, AI, Textbook of practical organic chemistry, Longman, Londres, 1967.

4   Laidler K. Chemical Kinetics, McGraw Hill, Nova Iorque, EUA, 1965.

5   N. Mathialagan, C. Vijayaraj e R. Shridharan, Oriental J. Chem, 21, 1, 10, 2005.

6   Bhattacharjee et al, Bulletin of the Chemical Society of Japan, 57, 1, 258-260, 1984.

7   Subbiah Meenakshisundaram e Ramanathan Sockalingam, Collect. Czech. Chem. Commun., 66, 877-896, 2001.

8   S. B. Patwari, S.V. Khansole e Y. B. Vibhute, J. Iran. Chem. Soc., 6, 2, 399-404, 2009.

9   Shivaji B. Patwari et al, Bulletin of Catalysis of India, 8, 116, 2009.

10   N. Nalawaya et al, Journal of Indian Chem. Soc., 79, 586, 2002.

11   S. Zaheer Ahmed et al, Advances in Applied Science Research, 3, 1, 123-129, 2012.

12   N. A. Mohamed Farook, Journal of Iranian Chemical Society, 3, 4, 378-386, 2006.

13   G. Sikandar et al, Indian Journal of Chemistry, 31A, 845, 1992.

CAPÍTULO V

CONCLUSÃO

CAPÍTULO V CONCLUSÃO

5.1 OXIDAÇÃO DA PREGABALINA PELO POTÁSSIO DICROMATO EM MEIO ÁCIDO

O estudo cinético da oxidação da pregabalina com dicromato de potássio mostra que a pregabalina sofre oxidação num meio ácido para dar o ácido 2(2-metil propil) butano-di-óico como produto principal. A velocidade da reação é de primeira ordem em relação ao oxidante e de ordem fraccionada em relação ao substrato e ao ácido. Não há efeito dos sais adicionados, o que significa que não há reação dos iões e não há formação de radicais livres durante a reação de oxidação. Nas reacções redox do crómio (VI) em meio ácido, há dois mecanismos de reação sugeridos para a transferência de electrões: o primeiro foi proposto para envolver uma transferência sucessiva de um eletrão em duas etapas [1]. O segundo mecanismo sugerido foi uma transferência simultânea de dois electrões numa única etapa. Durante a reação redox, ambos os mecanismos podem ser considerados, ou seja, o Cr (VI) é convertido em Cr (V) ou Cr (IV) [2].

Neste estudo, como o teste de radicais livres é negativo, a formação de Cr (V) é negligenciada (tabela 10). Do mesmo modo, verificou-se que o crómio (VI) existe em meios ácidos aquosos principalmente como cromato ácido, como mostra o esquema 1 [3]. A reação entre o dicromato de potássio e a pregabalina ocorre através da formação de complexos. Este facto é igualmente comprovado pelo gráfico de $1/[PGN]$ versus $1/k_{obs}$, que apresenta uma linha reta com uma interceção no eixo y, figura 3 [4]. A formação de complexos entre o crómio (VI) e diferentes substratos foi já referida anteriormente [5]. Foi estudado o efeito de diferentes sais na taxa de oxidação da pregabalina (tabela 6-9). Verifica-se que o sal adicionado não tem efeito sobre a taxa de oxidação da pregabalina, pelo que não há interação de espécies carregadas durante a reação.

5.2 OXIDAÇÃO DA DOMPERIDONA PELO DICROMATO DE POTÁSSIO EM MEIO ÁCIDO

O mecanismo de reação mais razoável, sugerido no esquema 1, apresenta uma formação rápida de um intermediário entre o substrato e o ácido crómico cineticamente ativo. Este é decomposto na fase determinante da velocidade para dar origem ao produto final. O estudo cinético da oxidação da domperidona com dicromato de potássio mostra que a domperidona sofre oxidação no meio ácido, no qual o azoto da porção piperidina da molécula de domperidona, que é estericamente menos impedido, sofre oxidação para dar origem ao N-óxido de domperidona como produto principal. A velocidade da reação é de primeira ordem em relação ao substrato e ao oxidante, mas não depende da concentração do ácido. Na reação, o crómio (VI) existe em meio ácido como ácido crómico $H_2 CrO_4$. É indicado na primeira etapa do esquema 1 [6]. Não houve evidência de formação de radicais livres durante a reação de oxidação (tabela 20). Foi estudado o efeito de diferentes sais na taxa de oxidação da domperidona (tabela 16-19). Verifica-se que o sal adicionado não tem efeito sobre a velocidade de oxidação da pregabalina, pelo que não há interação de espécies carregadas durante a reação.

O valor negativo da entropia de ativação indica a formação do estado de transição rígido. A partir dos dados cinéticos, pode concluir-se que a sequência mecanística global descrita é consistente com o produto e o esquema-1.

5.3 OXIDAÇÃO DA RASAGILINA PELO POTÁSSIO DICROMATO EM MEIO ÁCIDO

O estudo cinético da oxidação da rasagilina com dicromato de potássio mostra que a rasagilina sofre oxidação no meio ácido em que o grupo alquino terminal é oxidado e clivado para dar ácido carboxílico com menos um carbono do que o substrato como produto principal e o gás dióxido de carbono é libertado durante a reação. A velocidade da reação é de primeira ordem em relação ao substrato, ao oxidante e ao ácido. Os sais adicionados não têm qualquer efeito sobre a velocidade da reação, indicando que não há reação iónica. O teste de radicais livres não revela o início da polimerização, o que demonstra a não participação de radicais livres na reação. O crómio (VI) em meio ácido sofre oxidação através de dois mecanismos de reação para a transferência de electrões. No primeiro mecanismo sugerido, um eletrão é transferido em duas etapas sucessivas, isto é, Cr(VI) para Cr(V), ao passo que no segundo mecanismo duas transferências de electrões ocorrem simultaneamente em duas etapas numa única etapa, isto é, Cr(VI) para Cr(IV). A presente investigação não revela a formação de radicais livres durante a reação de oxidação, pelo que o primeiro mecanismo é excluído, no qual o Cr(VI) é convertido em Cr(V). Do mesmo modo, verificou-se que o crómio (VI) existe em meios ácidos aquosos principalmente como cromato ácido, como mostra o esquema 1 (quadro 30). Foi estudado o efeito de diferentes sais na taxa de oxidação da rasagilina (tabela 26-29). Verificou-se que o sal adicionado não tem efeito sobre a velocidade de oxidação da pregabalina, pelo que não há interação de espécies carregadas durante a reação.

A velocidade de reação em relação à rasagilina é de primeira ordem, o que é confirmado pelo gráfico de 1/[RSG] versus 1/k_{obs} , que apresenta uma linha reta que passa pela origem Figura 4 [7].

5.4 OXIDAÇÃO DA QUETIAPINA PELO POTÁSSIO DICROMATO EM MEIO ÁCIDO

O mecanismo de reação mais razoável, sugerido no esquema 1, prevê a formação de um intermediário rápido entre o substrato e o cromato cineticamente ativo. Este é decomposto na fase determinante da velocidade para dar origem ao produto final. O estudo cinético da oxidação da quetiapina com dicromato de potássio mostra que a quetiapina sofre oxidação em meio ácido, no qual o azoto da porção piperazina da molécula de quetiapina, que é estericamente menos impedido, sofre oxidação para dar origem ao N-óxido de quetiapina como produto principal. A velocidade da reação é de primeira ordem em relação ao substrato e ao oxidante, mas não depende da concentração do ácido. Na reação, o crómio (VI) existe em meio ácido como ácido crómico $H_2 CrO_4$. É indicado na primeira etapa do Esquema 1. O valor negativo da entropia de ativação indica a formação de um estado de transição rígido. Não houve evidência de formação de radicais livres durante a reação de oxidação (tabela 40). Foi estudado o efeito de diferentes sais na taxa de oxidação da quetiapina (tabela 36-39). Verificou-se que o sal adicionado não tem efeito sobre a velocidade de oxidação da pregabalina, pelo que não há interação de espécies carregadas durante a reação.

Pode concluir-se a partir dos dados cinéticos que a sequência mecanística global descrita é consistente com o produto e o esquema-1.

5.5 OXIDAÇÃO DA VOGLIBOSE PELO DICROMATO DE POTÁSSIO EM MEIO ÁCIDO

O mecanismo de reação mais razoável, sugerido no esquema-1, prevê a formação rápida de um complexo intermédio entre o substrato e o ácido crómico protonado cineticamente ativo. A formação de um complexo intermédio é também confirmada pelo gráfico de 1/[VBS] versus 1/k_{obs} , que apresenta uma linha reta com uma interceção [8]. O complexo intermédio é decomposto na etapa determinante da velocidade para dar origem ao produto final.

 O estudo cinético da oxidação da voglibose com dicromato de potássio mostra que a voglibose sofre uma oxidação em meio ácido em que o C1 com CH_2 OH é oxidado primeiro para dar 5-[(1,3-dihidroxipropano-2-il)amino]-1,2,3,4-tetrahidroxiciciclohexanocarbaldeído, que sofre oxidação para produzir 1,2,3,4-tetrahidroxi-5-[(1-hidroxi-3-oxopropano-2-il)amino]ciclohexanocarbaldeído como produto principal. A velocidade da reação é de primeira ordem em relação ao substrato e ao oxidante, mas não depende da concentração do ácido. Na reação, o crómio (VI) existe em meio ácido como ácido crómico H_2 CrO_4 . Não houve evidência de formação de radicais livres durante a reação de oxidação (tabela 50). Foi estudado o efeito de diferentes sais na taxa de oxidação da voglibose (tabela 46-49). Verifica-se que o sal adicionado não tem efeito sobre a taxa de oxidação da pregabalina, pelo que não há interação de espécies carregadas durante a reação.

É indicado no primeiro passo do esquema-1. O valor negativo da entropia de ativação indica a formação de um estado de transição rígido. Pode concluir-se a partir dos dados cinéticos que a sequência mecanística global descrita é consistente com o produto e o esquema-1.

5.6 OXIDAÇÃO DO CLORIDRATO DE CETRIZINA POR DICROMATO DE POTÁSSIO EM MEIO ÁCIDO

O mecanismo de reação mais razoável, sugerido no esquema-1, apresenta uma formação rápida de um intermediário entre o substrato e o ácido crómico cineticamente ativo. Este é decomposto na etapa determinante da velocidade para dar origem ao produto final. O estudo cinético da oxidação do cloridrato de cetrizina com dicromato de potássio mostra que o cloridrato de cetrizina sofre oxidação em meio ácido, no qual o azoto, que é estericamente menos impedido, sofre oxidação para dar origem ao N-óxido de cetrizina como produto principal. A velocidade da reação é de primeira ordem em relação ao substrato, ao oxidante e ao ácido. Na reação, o crómio (VI) existe em meio ácido como ácido crómico H_2 CrO_4 . Está indicado no primeiro passo do esquema-1. Não houve evidência de formação de radicais livres durante a reação de oxidação (tabela 60). Foi estudado o efeito de diferentes sais na taxa de oxidação do cloridrato de cetrizina (tabela 56-59). Verifica-se que o sal adicionado não tem efeito sobre a velocidade de oxidação da pregabalina, pelo que não há interação de espécies carregadas durante a reação.

O valor negativo da entropia de ativação indica a formação de um estado de transição rígido. A partir dos dados cinéticos, pode concluir-se que a sequência mecanística global descrita é consistente com o produto e o esquema-1.

REFERÊNCIAS:

1. Espenson JH, King EL "Kinetics and mechanism of reaction of chromium (IV) and iron (III) species in acidic solution" J Am Chem Soc,1963; 85: 3328-3333.
2. Sen Gupta KK, Sarkar T Cinética da oxidação do ácido crómico dos ácidos glioxílico e pirúvico. Tetrahedron, 1975; 31: 123-129.
3. Bailey N, Carrington A, Lott KAK, Symons MCR "Estrutura e reatividade dos oxianiões dos metais de transição". Parte VIII. Acididades e espectros de oximiões protonados. J Chem Soc, 1960: 290-297.
4. Michaelis L, Menton ML "The kinetics of invertase action" Biochem Z , 1913; 49 : 333-369.
5. Naik PK, Chimatadar SA, Nandibewoor ST "A kinetic and mechanistic study of the oxidation of tyrosine by chromium (VI) in aqueous perchloric acid medium" Transition Met Chem, 2009; 33: 405-410.
6. Sasake Y Estudos de equilíbrio em polianiões. 9. Os primeiros passos da acidificação do ião cromato em meio 3M Na(ClO$_4$) a 25° C. Ata Chem Scand,1962; 16: 719-734.
7. Syed Yousuf, Sayyed Hussain, M Farooqui & Sayyed Salim "Oxidação de pregabalina por dicromato de potássio em meio ácido: Um estudo cinético e mecanicista" Jornal Mundial de Farmácia e Ciências Farmacêuticas, 2018, Vol 7, 4; 773-782.
8. Vogel, AI, Text book of practical organic chemistry, Longman, Londres, 1967.

CAPÍTULO VI

PUBLICAÇÕES

Artigos de investigação publicados

N.º Sr.	Título do trabalho	Jornal	Fator de impacto
1	ESTUDO CINÉTICO DA OXIDAÇÃO DO CLORIDRATO DE CETRIZINA PELO DICROMATO DE POTÁSSIO EM MEIO ÁCIDO	Jornal de Investigação Química e Farmacêutica, 2017, 9(12):143-147 ISSN : 0975-7384 CODEN(USA) : JCPRC5	SJR(Elsevier) Fator de impacto : 0.75 (Para o ano de 2014)
2	OXIDAÇÃO DA PREGABALINA PELO DICROMATO DE POTÁSSIO EM MEIO ÁCIDO: UM ESTUDO CINÉTICO E MECANÍSTICO	JORNAL MUNDIAL DE FARMÁCIA E CIÊNCIAS FARMACÊUTICAS Volume 7, n.o 4, 773-782 Artigo de investigação ISSN 2278 - 4357	Fator de impacto SJIF 7,421
3	ESTUDO CINÉTICO DA OXIDAÇÃO DA DOMPERIDONA PELO DICROMATO DE POTÁSSIO EM MEIO ÁCIDO	Revista Mundial de Investigação Farmacêutica, Volume 7, Número 8, 701-708. Artigo de investigação ISSN 2277- 7105	Fator de impacto SJIF 8.074

4	OXIDAÇÃO DA QUETIAPINA POR DICROMATO DE POTÁSSIO EM MEIO ÁCIDO: UM ESTUDO CINÉTICO	**Revista Internacional de Pesquisa Farmacêutica, 2018, Vol 10, Issue 3, 172-177 Artigo de pesquisa ISSN 0975-2366**	
5	DEGRADAÇÃO OXIDATIVA DA RASAGILINA POR DICROMATO EM MEIO ÁCIDO: UM ESTUDO CINÉTICO	**Revista internacional de pesquisa científica e revisões, 2018, 7(4), 1274-1283 ISSN 1279-0543**	
6	INVESTIGAÇÃO CINÉTICA DA OXIDAÇÃO DA VOGLIBOSE POR DICROMATO EM MEIO ÁCIDO	**International Journal of Research and Analytical Reviews, 2018, 5 (3), 1856-1861 ISSN 23495138.**	

I want morebooks!

Buy your books fast and straightforward online - at one of world's fastest growing online book stores! Environmentally sound due to Print-on-Demand technologies.

Buy your books online at
www.morebooks.shop

Compre os seus livros mais rápido e diretamente na internet, em uma das livrarias on-line com o maior crescimento no mundo! Produção que protege o meio ambiente através das tecnologias de impressão sob demanda.

Compre os seus livros on-line em
www.morebooks.shop

info@omniscriptum.com
www.omniscriptum.com

Printed by Books on Demand GmbH, Norderstedt / Germany